ŒUVRES

DE

M. MARAT.

Avertissement pour le Relieur.

Il eſt important que les Planches coloriées n'aillent point ſous le marteau du Relieur, ſans être ſéparées par des feuilles de papier Joſeph.

En les plaçant dans le livre, il faut avoir ſoin de ne former aucun pli dans la partie coloriée.

Les autres Planches doivent être pliées de même.

La Planche X doit être vis-à-vis la page 312.

Lettre autographe de Marat (avec son enveloppe) et l'adresse aussi l'année autographe

Je vous prie, mon cher
Billot ou mon cher Gauis,
de prendre lecture de l'incluse
de la remettre (ouverte) à son adresse,
et de me faire passer la
réponse, Recevez mes
cordiales félicitations, nous
des des amis franches, nous
et je suis connois
Marat l'ami du
peuple,

A Monsieur

Monsieur Ballot de Varenne

ou en son absence à Monsieur

Paris.

MÉMOIRES

ACADÉMIQUES,

OU

NOUVELLES DÉCOUVERTES

SUR LA LUMIÈRE,

Relatives aux points les plus importans de l'Optique.

Elles furnageront contre vent & marée.

Prix, 18 liv. broché.

A PARIS,

Chez N. T. MÉQUIGNON, rue des Cordeliers, près de Saint-Côme.

M. DCC. LXXXVIII.

Avec Approbation & Privilège du Roi.

INTRODUCTION.

LES *Découvertes* que je préfente au Public, font la fuite des *Découvertes* que je lui préfentai en 1780.

Elles ne tendent pas moins qu'à faire changer de face à l'Optique. Pénétré de leur importance, & jaloux de les conftater rigoureufement, j'en ai fait le fujet de plufieurs Programmes, je les ai confignées dans des Mémoires particuliers, & j'ai provoqué l'examen des Compagnies favantes (1).

Pour me conformer aux réglemens académiques, j'ai envoyé ces Mémoires au concours par des mains étrangères, & j'y ai parlé de mes premières productions, comme fi je n'en étois pas l'Auteur.

J'aurois même continué à garder l'incognito, fi j'avois trouvé moins d'inconvéniens à les faire paroître fous un nom emprunté. Le dirai-je ? Tel eft l'empire des anciennes opinions, qu'un No-

---

(1) Ne pouvant paroître, je m'en fuis rapporté à quelques amis de la vérité, qui s'intéreffent aux progrès des Sciences ; & ils ont choifi des Académies, où je ne pouvois pas me flatter de trouver beaucoup de partifans.

vateur fans intrigue, fans parti, fans proneurs, eft fouvent réduit à fe cacher pour échapper à la perfécution : mais ce n'eft pas ici le lieu de dévoiler les fourdes menées de mes adverfaires (1).

J'ai à faire connoître mon travail.

Les Lecteurs verfés dans l'Optique feront fans doute frappés de la différence de l'Ouvrage que je publie aujourd'hui à celui que j'ai d'abord publié fur le même fujet : & cela doit être. Le premier n'eft qu'une ébauche légère, réfultat d'heureux apperçus & d'un travail facile : le dernier eft le fruit de trois années de recherches profondes, & de cinq mille expériences, toutes analyfées avec foin ; mais dont j'ai cru devoir ne préfenter que les plus fimples, les plus faillantes : ainfi cet Ouvrage, l'un des moins imparfaits qui foient fortis de ma plume, n'a prefque rien de commun avec ceux qui ont paru jufqu'ici fur la lumière, & j'ofe croire que les connoif-

______

(1) Je fais qu'ils s'agitent plus que jamais pour me fermer les Journaux. S'ils y parviennent, j'admirerai la force des confidérations perfonnelles, & la docilité des Critiques. Au demeurant, qu'ils ne fe flattent pas de laffer ma conftance : on n'eft pas fait pour être l'apôtre de la vérité, quand on n'a pas le courage d'en être le martyr.

ſeurs ne le trouveront pas moins recommandable par ſa ſolidité que par ſa nouveauté.

Il renferme quatre Mémoires relatifs aux points les plus importans de l'Optique, tels que *la différente réfrangibilité & la différente réflexibilité des rayons hétérogènes, les accès de facile réflexion & de facile tranſmiſſion, la formation de l'arc-en-ciel, & les couleurs des lamelles tranſparentes des bulles de ſavon, &c.*

La différente réfrangibilité des rayons hétérogènes y eſt combattue par des preuves infiniment plus fortes que toutes celles que je lui ai oppoſées juſqu'ici. Non-ſeulement ces preuves ſont nouvelles; mais elles ſont très-variées. A l'égard des deux premiers Mémoires, je ſuîs même une marche entièrement différente: dans l'un, je démontre que les principes de Newton ne rendent point raiſon des Phénomènes; dans l'autre, je développe une multitude de faits inconnus juſqu'à moi, mais, ſimples & invariables, diamétralement oppoſés à ces principes.

Le même ſujet eſt remanié dans les deux derniers Mémoires; j'y combats encore le ſyſtéme Newtonien par d'autres expériences, &

a 4

telle eft l'abondance de mes preuves que je ne fuis plus embarraffé que du choix.

Voici donc, en dernière analyfe, à quoi fe réduit la grande queftion agitée depuis peu fur la différente réfrangibilité des rayons hétérogènes. L'Auteur a étayé ce point de doctrine, de plufieurs phénomènes qui s'expliquent bien mieux par mes principes que par les fiens; & je lui oppofe une multitude de phénomènes qui ne s'expliquent que par ma théorie, & qui font impoffibles dans la fienne.

Mais il faut entrer ici dans quelques détails.

Le premier de mes Mémoires contient un examen géométrique & phyfique des principales expériences que Newton donne en preuve *du fyftême de la différente réfrangibilité;* & j'y fais voir que ces expériences font toutes fauffes ou illufoires. Indépendamment de diverfes contre expériences, faits nouveaux directement contraires à ce fyftême, j'y offre une fuite d'obfervations tranchantes qui avoient également échappé & à fes partifans & à fes adverfaires; obfervations bien propres à démontrer que les principes de l'Auteur ne rendent nullement raifon des phénomènes.

Le fecond Mémoire purement phyfique; mais plus piquant, plus ferré, plus nerveux, préfente cinq claſſes d'expériences abſolument neuves, dont les réſultats uniformes démontrent juſqu'à l'évidence que les rayons hétérogènes, tous également réfrangibles, ne ſe ſéparent jamais qu'en paſſant le long des corps. Dans ces diverſes expériences, la lumière directe du ſoleil, ou réfléchie par les corps blancs, émerge conſtamment du priſme, auſſi acolore qu'elle l'eſt à ſon incidence; & cela au moyen de différentes méthodes de ſéparer à volonté les rayons décompoſés autour d'un objet, des rayons réfléchis par ſa ſurface; ou même de ſupprimer les iris qui bordent l'image de l'objet vu au priſme, ſans que cette image ſoit moins nettement terminée que s'il étoit vu à œil nud.

Le troiſième Mémoire attaque l'explication que Newton donne de l'arc-en-ciel, d'après les expériences de l'Archevêque de Spalato; expériences illuſoires, & à plus d'un égard. J'y fais voir que les rayons hétérogènes, ſuppoſés émergens du nombre infini de goutes de pluie qui tombent de la nue, ne peuvent former ni arcs ſéparés, ni teintes marquées. Après avoir ruiné par parties ce pompeux édifice, j'en ſappe les fondemens, en montrant le faux *du ſyſtême de la différente réfrangibilité*, *& du ſyſtême des accès de*

facile réflexion & de facile tranſmiſſion, qui lui
ſervent de baſe.

Quoique ce Mémoire ſoit rempli d'obſervations importantes, il ne donne cependant que des
connoiſſances négatives ſur la formation de
l'arc-en-ciel, le plus beau des phénomènes de
la Nature ; or des connoiſſances poſitives auroient intéreſſé bien autrement : mais elles ne
pouvoient trouver place que dans un autre Ouvrage (1).

Enfin, le quatrième Mémoire fait voir que
les couleurs des corps minces & diaphanes ne
viennent point de leur différente ténuité ; puiſque les bulles de verre bien net, de l'eau pure, de
la gomme arabique diſſoute, du blanc d'œuf, &c.
ne ſont jamais iriſées. Et comme l'explication
donnée par Newton porte ſur la *doɛtrine de la
différente réfrangibilité*, & ſuppoſe *celle des accès
de facile réflexion & de facile tranſmiſſion*, je m'attache à en démontrer le peu de ſolidité. Enſuite

---

(1) J'ai dans mon porte-feuille d'autres Mémoires, qui font également ſuite à mes découvertes ſur
la lumière, & que je publierai à la fin de l'année. J'y
traite de l'Iris, & des couleurs du ciel au lever & au cou-
cher du ſoleil, de l'ellypticité de la lune à l'horiſon, de
la double image du criſtal d'Iſlande, &c.

je développe les caufes des couleurs qu'offrent les plaques de verre & les bulles d'eau de favon.

A l'égard des premières, je prouve en fubftituant à l'objectif inférieur un miroir de verre noir, que les rayons tranfmis n'ont aucune part à la production des anneaux obfcurs : puis je déduis les couleurs de chaque anneau, des rayons décompofés autour des points de contact des verres comprimés. Quant aux couleurs des bulles d'eau de favon, je démontre qu'elles tiennent à une caufe abfolument différente. Dans cette partie, la plus originale du Mémoire, je fais voir que le principe de ces couleurs eft le principe même des couleurs permanentes des corps; je veux dire la préfence de trois efpèces de particules effenciellement différentes, dont chacune ne réfléchit guères que les rayons de l'une des couleurs primitives. De ces particules dégagées de leur diffolvant par l'évaporation, puis féparées les unes des autres à raifon de leurs différentes pefanteurs fpécifiques, & à raifon de l'affinité plus étroite de celles d'une même couleur, les homogènes fe réuniffent bientôt pour former des anneaux, & ces anneaux rangés audeffous les uns des autres forment toujours une pellicule irifée, diftincte des parois de la bulle. Or, cette pellicule dans ces mouvemens particuliers fuit conftamment les lois de l'équilibre.

Principes nouveaux dont le mécanifme infiniment propre à piquer la curiofité des Chymiftes
& des Phyficiens, femble même tenir du pro-
dige.

Bien que ces Mémoires aient pour objet divers phénomènes de la lumière, j'ai fur-tout travaillé à ramener au vrai la *doctrine de la différente réfrangibilité*, point fondamental de Dioptrique, à l'égard duquel tant de Géomètres s'étoient
égarés fur les traces de Newton : les preuves
multipliées que j'en donne forment une démonftration, à laquelle il eft impoffible de réfifter.

Ce point changé, dès-lors l'Optique entière
prend une face nouvelle. La révolution opérée
dans cette fcience fublime doit s'étendre à d'autres branches de la Phyfique : mais on ne peut
en fentir toute l'importance, qu'en confidérant
l'influence prodigieufe qu'elle aura fur la conftruction des inftrumens de Dioptrique, d'Aftro-
nomie, de Marine, &c. dont les progrès intéreffent fi fort la Société.

Quelque flatteur que foit l'empreffement avec
lequel un grand nombre de Lecteurs continuent
à rechercher mes premières *Découvertes fur la lumière*, depuis que la dernière édition eft épui-
fée, je n'ai point voulu confentir à remettre

fous Preffe cet Ouvrage , trop peu digne de leur être offert. J'ai donc refondu ce qu'il contient d'intéreffant dans mes *Notions élémentaires d'Optique* , opufcule mieux foigné , & qui a l'avantage de préfenter les mêmes objets dans un plus beau jour , réunit celui de donner le plan du grand Ouvrage que je travaille fur les phénomènes de la lumière , & les merveilles de la vifion.

Cet opufcule, conjointement au Recueil de ces Mémoires , renferme toutes les découvertes en ce genre que j'ai publiées jufqu'à ce jour. On voit par-là que ces Ouvrages ne doivent point être féparés (1) : également néceffaires à ceux qui veulent étendre leurs connoiffances en Optique , le premier eft même indifpenfable pour l'intelligence du dernier.

Sentant combien il importe de faciliter l'étude des Sciences, je me fuis fingulièrement attaché dans ces Mémoires à la clarté & à la précifion du ftyle; j'ai apporté beaucoup de foins à la correction de la partie Typographique , & j'ai orné l'ouvrage de planches coloriées, feules propres à rendre avec vérité les effets de la lumière

____

(1) Il conviendroit de les faire relier en un même volume , les Notions élémentaires à la tête.

décompofée, à tenir lieu des expériences qu'on n'eſt pas à portée de répéter, à ſoulager l'imagination toujours fatiguée lorſqu'il faut revêtir de certaine couleur certaine partie d'une figure en noir, à montrer d'un coup d'œil ſi le raiſonnement de l'Auteur s'applique bien aux phénomènes, & à faire ſentir toute la force des démonſtrations.

Les frais conſidérables qu'ont entraînés les premiers eſſais de ce nouveau genre de planches, ont porté le prix de cet Ouvrage plus haut que je ne l'aurois deſiré : mais je me flatte que les Lecteurs qui veulent s'inſtruire, ne balanceront pas une légère augmentation de dépenſe avec les nombreux avantages qu'elle leur procurera.

Deſirant propager les vérités que j'ai découvertes, & profiter moi-même des lumières de mes Lecteurs, j'invite les Phyſiciens à répéter mes expériences, à peſer les conſéquences que j'en ai tirées, & à me communiquer leurs obſervations. S'ils ſe trouvoient arrêtés faute de connoître la manipulation, ou de pouvoir ſe procurer un appareil d'inſtrumens convenables, je me ferai un plaiſir de leur donner tous les renſeignemens (1) néceſſaires.

____

(1) Leurs Lettres, franches de port, me parviendront, *rue du Vieux-Colombier, F. S. G. à Paris.*

ERRATA.

Le Lecteur est prié de corriger ces fautes, avant de commencer la lecture de l'Ouvrage.

PAGE 9, ligne 15, soulignés, *lisez*, en italique.

P. 12, lig. 6, déroberoient, *lisez*, déroberoit.

P. 23, lig. 17, nettement, *lisez*, à la fois nettement.

P. 27, lig. 2, l'éciat, *lisez*, l'éclat.

P. 29, lig. 3, Fig. 5, *lisez*, Exp. 5.

P. 39, lig. 5, dreffiement, *lisez*, différemment.

P. 40, lig. 6, le rayons, *lisez*, les rayons.

P. 48, lig. 5, fur un plan, *lisez*, fur le plan.

P. 96, avant-dernier Paragraphe omis.

Mais lors même que ces rayons n'auroient souffert ni déviation, ni décompofition aux bords du trou, on ne voit pas que l'expérience de l'Auteur vienne à l'appui de fa propofition; car les rayons du faifceau folaire tombent en divergeant fur le parallélipipède : or l'angle d'incidence des homogènes de chaque image colorée n'étant pas le même, comment la réflexion pourroit-elle les foustraire à la fois du faifceau, fuivant leur degré de réflexibilité, toujours correfpondant à leur degré de réfrangibilité? Pour cela, il faudroit néceffairement que les rayons du foleil fuffent parallèles : ce que Newton paroît avoir bien fenti; auffi leur fuppofe-t-il gratuitement cette direction, fans fe mettre en peine des obfervations qui démontrent le contraire. Hypothèfe commode, que j'ai relevée plus d'une fois.

Admettons-la cependant, & voyons fi l'expérience en eft moins défectueufe.

Page 280, Exp. 13, *lifez*, Exp. 17.

Idem. Exp. 14, *lifez*, Exp. 18.

MEMOIRE

MÉMOIRE

Sur les Expériences que Newton donne en preuve du systéme de la différente réfrangibilité des Rayons hétérogènes.

Ex fumo dare lucem. *HORAT. de Art. Poet.*

NOTICE.

L'ACADÉMIE de Lyon proposa en 1784, pour sujet d'un Prix extraordinaire de Physique, de DÉTERMINER *si les expériences sur lesquelles Newton établit la différente réfrangibilité des rayons hétérogènes, sont décisives ou illusoires.* L'examen dans lequel les Auteurs entreroient, devoit être approfondi, & leurs assertions devoient être fondées sur des expériences simples, dont les résultats fussent uniformes & constans.

Cette Compagnie a prononcé dans sa dernière séance publique, sur les Mémoires envoyés au Concours : voici l'extrait de son Programme du 29 Août 1786.

« Le Concours, par son mérite, a répondu à » l'importance de la question. On a admis huit » Mémoires, dont quatre attaquent la Théorie » Newtonienne, & quatre la défendent. Deux » des premiers & deux des seconds étoient » évidemment trop inférieurs aux autres, pour » soutenir la concurrence. Le vrai concours n'a » eu lieu, en effet, qu'entre deux savans Mé- » moires opposés à Newton, & deux qui con- » firment ses expériences & sa théorie. Toutes » les expériences ont été soigneusement répé-

A 2

» tées avec les inſtrumens que le zèle de quel-
» ques Académiciens a fournis ; les Commiſ-
» ſaires y en ont ajouté de nouvelles , les réſul-
» tats ont été conſtamment en faveur du célèbre
» Phyſicien Anglois ; & l'Académie s'eſt féli-
» citée d'avoir à couronner deux Défenſeurs de
» ſa doctrine , vraiment dignes de ce grand
» Homme.

» Elle a décerné la Médaille d'or , au Mémoire
» coté n°. 4 , qui a pour deviſe ces mots , par-
» faitement appliqués à l'ouvrage : *Simplicitas*
» *experientiis , vigorque demonſtratione.* Un tra-
» vail immenſe , une théorie géométrique, juſ-
» tifiée par l'expérience qui la ſuit : tel eſt le
» mérite de ce Mémoire qui annonce , de la part
» de l'Auteur , une longue habitude de la Géo-
» métrie & de grands talens pour la Phyſique
» expérimentale. Il eſt de M. Flaugergues , fils,
» Correſpondant de la Société Royale de Mé-
» decine de Paris , de la Société Royale des
» Sciences de Montpellier , & du Muſée de
» Paris ; à Viviers en Vivarais.

» L'acceſſit a été donné au Mémoire Latin ,
» coté n°. 3, qui a pour épigraphe...... *Tantum*
» *novimus , quantum experiundo didicimus.* L'Aca-
» démie a témoigné un vrai regret de n'avoir
» pas un autre Prix à accorder à cet important
» Ouvrage. Il défend la théorie de Newton,

» avec des armes également victorieuses ; mais
» l'étendue du travail a mérité la préférence au
» précédent.

» L'Auteur est M. Antoine Brugmans, Pro-
» fesseur de Philosophie & de Mathématiques,
» & de plusieurs Académies savantes ; à Gronin-
» gue, dans les Provinces-Unies.

» L'Académie a arrêté, par délibération,
» que les deux Mémoires, ainsi que le rapport
» de ses Commissaires, seroient imprimés & pu-
» bliés, aussi-tôt qu'il se pourra ».

Quelque confiance que j'aie dans les lumières
de cette docte Société, la question qui fait le sujet de ce Mémoire & du suivant, intéresse trop
les progrès de l'Optique, de l'Astronomie & de
la Marine, pour ne pas faire quelques observations sur le jugement qu'elle vient de prononcer.

J'observerai d'abord, en passant, que « *les*
» *deux Mémoires opposés à Newton & admis au*
» *concours,* » sont ceux que je publie aujour-
d'hui : découverte que je viens de faire dans une
lettre à mon représentant, où M. le Secretaire
de l'Académie a bien voulu enfin lui faire cette
confidence. Peut-être le Lecteur curieux s'atten-
doit-il à faire la même découverte dans le Programme de la Compagnie ; mais il la fera sans

A 3

doute dans le rapport des Commiſſaires, qui doit voir le jour *auſſi-tôt qu'il ſe pourra*, & qui contiendra probablement l'examen diſcuté des Mémoires qui ont concouru.

Peut-être auſſi le Lecteur fait pour juger par lui-même, deſireroit-il avec ce rapport l'impreſſion des quatre Mémoires qui ont concouru, pièces indiſpenſables du procès : mais l'Académie a arrêté par délibération inſolite, que cet honneur ſeroit réſervé à celui qui a obtenu la couronne, & à celui qui a mérité l'acceſſit.

A propos de couronne & d'acceſſit ; les critiques diront ſans doute que de l'aveu même de l'Académie, le Prix n'appartenoit pas moins au dernier qu'au premier : mais il paroît que pour fixer ſon choix, cette illuſtre Compagnie, trop long-temps indéciſe, a enfin pris le ſage parti de compter le nombre des pages.

Les critiques diront encore que l'Académie *s'étant félicitée d'avoir à couronner deux Défenſeurs de la Doctrine Newtonienne*, n'a pas abſolument fait preuve d'impartialité dans la diſtribution de ſes faveurs.

Enfin les critiques diront qu'il y a amphibologie captieuſe dans l'énoncé des faits ſur leſquels l'Académie a fondé ſa déciſion ; & il faut convenir qu'il a beſoin d'un petit bout de commentaire.

« Le vrai concours (ce font les termes du
» Programme) n'a eu lieu qu'entre deux favans
» Mémoires oppofés à Newton, & deux qui
» confirment fes expériences & fa théorie.
» Toutes les expériences ont été foigneufe-
» ment répétées, avec les inftrumens que le
» zèle de quelques Académiciens a fournis, les
» Commiffaires y en ont ajouté de nouvelles ;
» *les réfultats ont été conftamment en faveur du
» célèbre Phyficien Anglois* ». Mais il eft manifefte qu'on ne doit point comprendre dans ces
expériences celles de mes deux Mémoires ; car
leurs réfultats font conftamment oppofés à ceux
de Newton.

Je dis mieux : dans celui qui porte pour devife,
Ex fumo dare lucem, je démontre par-tout que les
expériences Newtoniennes font illufoires ; puifqu'il me fuffit prefque toujours de les varier,
pour avoir des réfultats différens, fouvent même
oppofés.

A l'égard de celui qui porte pour devife,
Multa paucis, j'y développe cinq claffes de phénomènes abfolument nouveaux, mais parfaitement fimples, conftans, uniformes, ou plutôt
j'y donne quatre méthodes inconnues jufqu'à
moi, de faire émerger du prifme la lumière
directe du foleil ou réfléchie par les corps
blancs, auffi acolore qu'elle l'eft à fon inci-

dence : — démonftration fi complette , qu'à la vue d'un feul de ces faits , Newton lui-même fe feroit empreffé d'abandonner fon fyftême.

Les expériences d'après lefquelles l'Académie a prononcé fe réduifent donc à celles de fes Commiffaires & à celles des défenfeurs de Newton : or fi les uns & les autres fe font bornés à répéter les expériences de ce grand Homme, (ou à en tâtonner d'analogues), comme tant de Savans ont fait depuis un fiècle , faut - il s'étonner qu'elles aient toujours donné des réfultats à l'appui de fon fyftême ? Au furplus, il s'agiffoit bien là d'étayer ce fyftême ! N'eft-il pas établi par l'Auteur original auffi folidement qu'il puiffe l'être ? Et parmi fes fauteurs les plus vains, en eft-il un feul qui ofât prétendre faire mieux ? Comment donc l'Académie n'a-t-elle pas fenti qu'elle manquoit le but ; car, on ne révoque pas en doute les réfultats des expériences de Newton ; mais on attaque les conféquences qu'il en a tirées.

Si la Nature ne peut jamais offrir de phénomènes contradictoires, un feul fait fimple & conftant, diamétralement oppofé aux expériences de Newton, fuffit pour les renverfer : ainfi ce n'étoit qu'en relevant les antagoniftes de ce profond Géomètre , que fes partifans pouvoient le défendre ; ou plutôt ce n'étoit qu'en examinant avec foin les faits nouveaux développés dans mes deux Mémoires, & en pefant les preuves frappantes qui s'y trouvent développées, que l'Académie pouvoit décider la queftion. Cet examen qu'elle n'a point fait, les Lecteurs inf-truits vont le faire, & j'ofe croire qu'ils feront un peu furpris de fon jugement.

OBSERVATIONS ESSENCIELLES.

LES articles guillemetés font la fubftance des expériences Newtoniennes, que j'examine. Je me fuis fervi d'une traduction nouvelle de l'Op-tique de Newton ; traduction claire & fidèle qui a mérité la fanction de l'Académie Royale des Sciences (1).

Les articles foulignés font mes expériences, dont les réfultats fe trouvent diamétralement oppofés à la doctrine de la différente réfrangi-bilité, & qu'il importe de conftater avant d'en-trer dans aucun examen.

Les figures géométriques font tirées de l'Op-tique de Newton.

Les figures coloriées repréfentent les phé-

______

(1) Elle fe trouve chez le Roy, rue Saint-Jacques.

nomènes que j'oppofe à fes affertions. Ce n'eft
qu'après les avoir vérifiés, qu'on pourra pro-
céder à une lecture fuivie de mon Mémoire, &
le juger.

Les principaux inftrumens employés aux expériences décrites dans ce Mémoire, font :

Six prifmes équilatéraux, de mêmes dimenfions.

Un prifme ifocelle, ayant vingt lignes de faces,
& l'angle au fommet de quinze degrés.

Un prifme rectangle, de quinze lignes de faces,
& dont les angles à la bafe foient chacun de
quarante-cinq degrés.

Un parallélipipède fait de deux moitiés de
prifme ifocelle, dont l'angle au fommet ait trente
à trente-cinq degrés, & les faces vingt lignes.

Un objectif convexe, de fix pouces en diamètre
& fix pieds de foyer.

Un objectif convexe, de quatre pouces en diamètre & douze pieds de foyer.

Tous ces inftrumens doivent être d'un travail
régulier & d'un beau poli : il importe fur-tout
que le verre en foit très-pur.

MÉMOIRE.

PROGRAMME.

« *Les Expériences sur lesquelles Newton*
» *établit la différente réfrangibilité des*
» *rayons hétérogènes , sont - elles déci-*
» *sives ou illusoires ?* »

IL est peu de Programmes aussi piquans par
leur objet, aussi importans par leurs conséquences. Non-seulement l'égale ou l'inégale réfrangibilité des rayons hétérogènes tient à la plupart des phénomènes de l'Optique , la plus sublime des sciences exactes : mais elle tient à
la théorie des instrumens dioptriques ; car les
principes de leur construction ne peuvent être les
mêmes , si les rayons hétérogènes sont ou ne sont
pas différemment réfrangibles : & quand la question proposée ne tendroit qu'à perfectionner ces

înftrumens précieux , quels avantages n'auroit-on pas droit d'attendre de fa folution ? Ce font ces inftrumens feuls qui fuppléent à la foibleffe, & remédient aux défauts de la vue ; ce font eux qui foumettent à l'œil les objets que leur peti-teffe ou leur éloignement lui déroberoient ; ce font eux qui nous font jouir encore des charmes de la lumière, quand l'âge ou quelque accident femble nous en priver.

Mais l'utilité de ces inftrumens ne fe borne pas là. Que ne leur doivent pas l'Horlogerie , la Gravure , l'Hiftoire naturelle , l'Anatomie , la Chimie , la Phyfique expérimentale , l'Aftrono-mie , la Marine , l'Art de la guerre ? Ainfi , Mef-fieurs , de votre Programme dépendent en quel-que forte les progrès des fciences les plus utiles, & les fuccès de (1) ces Arts profonds qui con-tribuent le plus à la grandeur des Etats , qui en changent même quelquefois les deftinées. En faut-il davantage pour faire fentir toute l'im-portance de la queftion que vous avez propo-fée, & l'examen fcrupuleux qu'exige fa folution.

Il fembleroit qu'une fcience auffi utile que l'Optique, a dû depuis long temps être portée

____

(1) On fait combien il importe quelquefois au fuc-cès des expéditions militaires de découvrir de loin l'en-nemi , & de reconnoître fes manœuvres.

au plus haut point de perfection : il n'eſt que trop vrai pourtant qu'elle eſt très - imparfaite encore (1).

Quoique toujours cultivée avec ſoin , elle étoit reſtée au berceau juſqu'à Newton ; mais

____

(1) Aujourd'hui l'art de l'Opticien n'eſt encore qu'une routine aveugle. Les Artiſtes de Paris n'ont pas les premiers élémens de l'optique , & les meilleurs Artiſtes de Londres ne font une lunette achromatique qu'en tâtonnant. Celles qui ſortirent d'abord des mains de Dollond , étoient aſſez bonnes ; mais ſes confreres ſe ſont tous bornés à le copier ſervilement. Quelle que fût la force réfringente de la matière qu'ils vouloient employer , ils ont toujours donné les mêmes courbures aux verres des objectifs : auſſi n'y en a-t-il pas une exempte d'iris.

Telle eſt même l'ignorance des Opticiens , qu'ils ne ſavent pas faire une paire d'occhiales. Les verres n'en ſont preſque jamais centrés : ainſi les centres ne correſpondant point aux axes optiques , les yeux prennent une direction forcée ; ce qui fatigue ſingulièrement l'organe. Les verres en ſont toujours travaillés ſur le même foyer , quoique la vue n'ait pas ordinairement la même étendue dans chaque œil. Enfin les verres en ſont toujours faits de la même matière , quoiqu'ils duſſent rarement avoir la même tranſparence , puiſque les yeux ont rarement le même degré de ſenſibilité. Tant que les occhiales ne ſeront pas conſtruits ſur des principes bien raiſonnés , il eſt impoſſible qu'ils ſoulagent la vue ; mais depuis ſept années que je fais ces obſervations aux Opticiens de la Capitale , à peine en ai-je trouvé un ſeul en état de m'entendre.

ce grand Homme en fit l'objet de fon étude, & parvint bientôt à en donner une théorie nouvelle. Ses découvertes étonnèrent le monde favant. Avant lui on croyoit les couleurs inhérentes au corps, il démontra qu'elles appartiennent uniquement à la lumière; & il fit voir que la lumière eft un fluide compofé de parties effenciellement différentes, dont chacune a la propriété de produire la fenfation d'une couleur particulière. Vous favez que c'eft en tranfmettant les rayons immédiats du foleil par un prifme, qu'il fit cette belle découverte; & comme le phénomène le plus fimple eft rarement perdu pour l'obfervateur fagace, celui-ci fournit à Newton ample matière à des réflexions profondes.

Donnons ici une idée de fa théorie.

D'un petit faifceau de rayons folaires tranfmis par un prifme, réfulte une image colorée qu'il nomma *fpectre*, & qu'il prit pour celle du foleil (1). Au lieu d'être circulaire, lorfque les réfractions aux deux côtés de l'angle réfringent font égales, cette image eft toujours plus ou moins oblongue, fuivant que ces côtés font plus ou moins inclinés l'un à l'autre. Mais

______

(1) Voyez la nouvelle Traduction de l'Optique de Newton, vol. 1, pag. 24, 30.

quelles qu'en foient les dimenfions, il obferva conftamment que les couleurs dont elle eft compofée, occupent des efpaces diftinéts. Comme il lui paroiffoit démontré par ce phénomène, que la lumière fe décompofe en fe réfraétant aux furfaces du prifme, il en conclut que les rayons hétérogènes ne fe réfraétent pas également.

D'après l'examen des efpaces relatifs des différentes teintes du fpeétre, il jugea que les rayons violets font le plus réfraétés, & que les rayons rouges font réfraétés le moins : or ayant fuppofé leurs angles d'incidence égaux, ils ne lui parurent pouvoir fe réfraéter les uns plus que les autres, qu'autant qu'ils feroient naturellement plus ou moins réfrangibles.

Quoique les couleurs du fpeétre paffent de l'une à l'autre par une multitude de nuances, Newton en compta fept principales, & il les nomma *couleurs primitives*. Voici leur ordre relativement au degré de réfrangibilité qu'il affigna à chaque efpèce de rayons dont elles réfultent, mais en allant du moins au plus : rouge, orangé, jaune, vert, bleu, indigo & violet.

C'eft cette différente réfrangibilité prétendue des rayons hétérogènes, qui fait la bafe de la théorie de cet illuftre Phyficien.

Jamais nouvelle doétrine ne trouva plus de

partifans , & jamais nouvelle doctrine ne trouva plus d'adverfaires. Les premiers en admirent chaque partie, les derniers n'en admirent que le fond , & difputèrent fur quelques points particuliers , principalement fur le nombre des couleurs primitives. Les uns foupçonnèrent que l'orangé & l'indigo étoient des couleurs mixtes ; les autres allèrent jufqu'à foupçonner encore le vert & le violet : mais pour appuyer leurs conjectures , ils s'en tinrent tous à objecter que les bandes différemment colorées du fpectre ne font pas tranchées nettement, & ils s'étayèrent de l'analogie de la formation de toutes les teintes connues , que les Peintres compofent avec du jaune , du rouge & du bleu. L'induction avoit affurément quelque poids ; & de fait comment fe perfuader que l'art fût plus fimple que la Nature ? Cependant elle parut frivole aux défenfeurs de Newton , qui fe bornèrent conftamment à demander à fes adverfaires des expériences directes. Il s'agiffoit de décompofer le fpectre , & même chacune de fes teintes dépurée d'une certaine façon (1). Mille tentatives furent faites pour cela , & toujours fans fuccès. De ce défaut de fuccès on inféra l'impoffibilité

---

(1) Voyez la quatrième Propofition du Livre I, première Partie.

de

de réuſſir. Dès-lors le ſyſtême de la différente refrangibilité, quoique ſujet à diſcuſſion, parut établi ſur une baſe inébranlable : auſſi les efforts de ſes adverſaires furent-ils toujours vains & toujours renaiſſans, ſemblables aux flots de la mer qui en bouleverſent la ſurface, ſans jamais en déranger le fond. Enfin après trente ans paſſés à diſputer contre ce ſyſtême, il réunit tous les ſuffrages, & fut conſacré par ceux de l'Europe ſavante.

Le temps qui amène de ſi grands changemens dans les opinions humaines, n'en produiſit preſque aucun à cet égard. Les plus habiles Mathématiciens du ſiècle s'occupoient à l'envi de l'étude de l'optique ; mais ils ſe bornèrent tous à répéter les expériences de Newton, ſans rien ajouter à ſa théorie.

Au moment où elle paroiſſoit fixée ſans appel, elle vient d'être vivement attaquée par un Auteur de nos jours, bien connu par ſon goût pour les recherches phyſiques, plus encore par ſa méthode particulière d'obſerver dans la chambre obſcure. A ces traits on doit reconnoître M. Marat.

Des phénomènes que le Phyſicien François oppoſe aux phénomènes du Phyſicien Anglois,

preſque tous ceux qui ont quelques connoiſſances d'optique , ont conclu que la doctrine
de la différente réfrangibilité n'eſt rien moins
qu'inconteſtable ; & vous - mêmes , Meſſieurs,
n'avez pas craint de remettre en queſtion ce qu'on
croyoit décidé ſans retour.

      « *Les expériences ſur leſquelles Newton établit*
» *la différente réfrangibilité des rayons hétérogènes,*
» *ſont-elles déciſives ou illuſoires ?* »

   J'avoue qu'au premier coup-d'œil ces expériences paroiſſent déciſives ; mais elles perdent
à l'examen. En ramenant les conſéquences à
leurs principes, les difficultés naiſſent en foule,
& l'eſprit reſte en ſuſpens : en comparant
entr'eux les phénomènes , on ceſſe bientôt de
regarder les réſultats de ces expériences comme
des faits ſimples , uniformes , invariables ; & en
conſultant la Nature par de nouvelles expériences , on reconnoît enfin que celles de
Newton ſont illuſoires.

   Ici , Meſſieurs, je dois un aveu à la vérité.
Je ne diſſimulerai pas que je me ſuis quelquefois aidé du travail de *M. Marat*, & que c'eſt
à lui que je ſuis redevable des premiers traits
de lumière qui m'ont éclairé ſur le ſujet qui

nous occupe : mais enfuite j'ai été beaucoup plus loin ; car fi ce Phyficien laborieux a fait voir que le fyftême de la différente réfrangibilité n'eft pas folidement établi, il ne l'a pas entièrement renverfé. Ainfi fans rien ôter à fes recherches, on peut ne pas regarder toutes fes expériences comme tranchantes. Quant à celles fur lefquelles je m'appuie particulièrement & que je vais mettre fous vos yeux, j'ofe croire, Meffieurs, que vous les trouverez également neuves & fans replique.

Si j'avois pour juges des fauteurs du fyftême que je combats, j'aurois lieu de craindre que plufieurs ne s'armaffent d'avance d'incrédulité pour réfifter au plaifir de la perfuafion ; mais ce n'eft pas à votre tribunal que l'entêtement peut paffer pour fageffe.

Au refte, qu'on ne croie pas qu'en combattant Newton, je ceffe un inftant de l'admirer. S'il fe trompa, ce fut en grand homme ; & peut-être rien ne prouve-t-il mieux la fupériorité de fon génie, que le fyftême de la différente réfrangibilité. Ce fyftême manque de folidité, fans doute ; mais il l'a rendu vraifemblable ? Que dis-je, vraifemblable ? Il a fu le revêtir des caractères apparens du vrai, au point de faire illufion au monde favant pendant un fiècle entier ; & pour l'établir, que de talens ne déploya-t-il pas ? Quelle fagacité dans

la manière dont il interrogea la Nature ! quelles
reſſources d'imagination dans les moyens qu'il
employa pour découvrir les propriétés de la lumière ! quelle dialectique dans la manière dont
il fit concourir les faits à la preuve de ſes opinions ! quel art dans la manière dont il appliqua
le calcul aux réſultats de ſes expériences ! quelle
adreſſe dans la manière dont il voila les parties
foibles & défectueuſes de ſa doctrine ! Prodigieux juſques dans ſes écarts, il remplaça des
découvertes réelles par des découvertes fictives
plus étonnantes encore, & déploya pour étayer
une erreur plus de génie cent fois qu'il n'en falloit pour l'éviter. Après cet hommage rendu à ſa
mémoire, je me flatte qu'on ne me fera pas un
crime du courage avec lequel j'embraſſe ouver-
tement contre lui la cauſe de la vérité.

Les expériences ſur leſquelles Newton établit
ſon ſyſtême, ſont détaillées aux articles des deux
premières *propoſitions de ſon Traité des couleurs.*

De ces expériences, la ſeconde ſeule eſt directe ; toutes les autres ſont d'induction : car il
ne donne en preuve de la différente réfrangibilité les phénomènes qu'elles préſentent, que
parce qu'il ne lui parut pas poſſible d'en rendre
raiſon par aucune autre hypothèſe. On verra

ci-après que les réfultats de celles-ci ne font propres qu'à faire illufion, & on va voir que les vrais réfultats de celle-là font loin d'être conformes à ceux qu'il annonce, comme quelqu'un l'a déjà obfervé.

II. EXPÉRIENCE.

Je commence par la décrire.

« Ayant pris une bande de papier noir D E,   Fig. 1.
» oblongue & à côtés parallèles, Newton la
» diftingua en deux parties égales par une per-
» pendiculaire F G : de ces parties il peignit
» l'une en rouge, l'autre en bleu, avec des cou-
» leurs foncées, afin que le phénomène fût
» plus fenfible. Autour de cette bande il paffa
» plufieurs fils déliés de foie très-noire, qui
» paroiffoient comme autant d'ombres bien ter-
» minées, puis il la fufpendit contre une pa-
» roi, de manière que la ligne tranfverfale
» qui féparoit ces couleurs, étoit perpendicu-
» laire à l'horifon. Tout près de l'extrémité in-
» férieure de cette ligne, il plaça la flamme
» d'une chandelle pour éclairer l'objet ; car l'ex-
» périence fut faite de nuit : enfuite à fix pieds
» & un ou deux pouces de diftance, il difpofa
» verticalement un objectif M N de cinquante
» & une ligne de diamètre, & de fix pieds un ou

» deux pouces de foyer. Après quoi il pro-
» jetta fur un carton blanc les rayons réfléchis
» par le papier peint , & réfractés par l'objec-
» tif. Enfin variant la diftance du carton, pour
» chercher les points où les images des lignes
» noires paroiffoient le mieux terminées , il
» trouva que quand l'une paroiffoit diftincte,
» l'autre paroiffoit confufe. Or le point $h\ i$ où
» la bleue avoit le plus de netteté, fe trouvoit de
» dix-huit lignes plus proche de l'objectif, que
» le point **H J**, où la rouge avoit le plus
» de netteté. D'où il conclut qu'à incidences
» égales, les rayons bleus, concourant de cette
» quantité plus près de l'objectif que les rayons
» rouges , étoient plus réfractés , conféquem-
» ment plus réfrangibles (1) ».

Newton dit avoir trouvé dix-huit lignes de diftance entre le foyer des rayons rouges & le foyer des rayons bleus ; mais les réfultats de cette expérience faite de la forte, font trop peu marqués, pour que l'on puiffe favoir à quoi s'en tenir. D'ailleurs quelque déférence qu'on ait pour l'autorité d'un fi grand Maître , on ne fauroit fe défendre d'un peu de furprife , en le voyant fe contenter d'une expérience auffi défectueufe.

____

(1) Voyez la nouvelle Traduction de l'Optique de Newton , vol. I , pag. 22 & 23.

L'eût-il conçue autrement , s'il eût voulu que les réfultats n'en fuffent pas fenfibles ? Et s'il defiroit les voir avec netteté , comment ne l'at-il pas répétée au grand jour ? A coup sûr il les eût trouvés bien différens de ceux qu'il rapporte : *car quand on répète cette expérience dans la chambre obfcure , après avoir expofé le papier peint aux rayons folaires , on voit les images des bandes rouge & bleue devenir diftinctes au même point ; ce qui paroît beaucoup mieux encore quand on a foin d'appliquer exactement à ces bandes des fils de couleurs tranchantes.*

Exp. 1.

Il eft indubitable toutefois que fi les rayons hétérogènes étoient différemment réfrangibles , il n'y auroit aucun point dans la diftance focale de l'objectif , où les images des bandes & des fils puffent être nettement terminées.

Ainfi l'expérience de l'Auteur n'eft pas fimplement illufoire , elle eft fauffe ; & comme elle eft la feule directe à l'appui du fyftême de la différente réfrangibilité , je vous invite , Meffieurs , à réfléchir fur cette circonftance effencielle : mais déjà vous m'avez prévenu.

Si la feule expérience directe que Newton ait donnée en preuve de fon fyftême eft fauffe , le moyen que les expériences indirectes ne foient

pas toutes illufoires ! car leurs réfultats , au demeurant, font affez conformes à ceux qu'il annonce. Sans doute l'induction eft fondée ; mais
il s'agit de le démontrer : foumettons-les donc
à l'examen le plus févère , & commençons par
la première.

I. EXPÉRIENCE.

Fig. 2.

Elle confifte à regarder à travers un prifme
A B C une bande (1) de papier D E oblongue
& peinte moitié en bleu, moitié en rouge ;
après l'avoir couchée devant une croifée M N
parallèlement à l'horifon & au prifme , & après
avoir tendu de drap noir le deffous de la croifée,
afin qu'il n'en vienne aucune lumière qui puiffe
fe mêler à celle que le papier peint réfléchit , & obfcurcir les phénomènes. Or fi l'angle
réfringent du prifme eft tourné en haut, de forte
que l'image foit élevée par la réfraction, la
moitié bleue paroîtra plus haute que la moitié
rouge ; mais fi l'angle réfringent eft tourné
en bas, de forte que l'image foit abaiffée par
la réfraction, la moitié bleue paroîtra plus baffe
que la moitié rouge. D'où Newton conclut que
dans ces deux cas , la lumière de la moitié

____

(1) C'eft la bande dont nous avons déjà parlé.

bleue, tranfmife à l'œil à travers le prifme, fouffrant une plus grande réfraction que la lumière de la moitié rouge, eft néceffairement plus réfrangible (1).

Ces phénomènes que Newton attribuoit à la différente réfrangibilité des rayons hétérogènes, viennent uniquement des rayons réfléchis par le fond, puis déviés & décompofés aux bords de la bande de papier peint : car il eft hors de doute que les rayons de lumière fe dévient & fe décompofent conftamment à la circonférence des corps ; déviation & décompofition que notre Auteur n'ignoroit certainement pas (lui qui analyfa (2) fi longuement l'expérience de Grimaldi) : mais dont il ne tint aucun compte dans les phénomènes que préfentent des objets vus à travers un prifme.

Eh quoi, dira quelqu'un, quels foins Newton n'a-t-il pas pris pour qu'aucune lumière étrangère ne fe mêlât avec celle que le papier réfléchiffoit ! — J'en conviens ; mais peut-on croire, demanderai-je à mon tour, que Newton y ait

____

(1) Nouvelle Traduction, pag. 20 & 21.

(2) Le troifième Livre de fon Optique eft confacré à cette analyfe.

réuffi, qu'il pût même y réuffir ? D'après la defcription de fon expérience , on doit conjecturer que la bande peinte pofoit fur le parquet ;
fuppofons-la pofée fur un tapis noir, & montrons que toute lumière étrangère ne feroit pas
interceptée par ce fond ; car les corps les plus
noirs ne laiffent pas que de réfléchir une certaine
quantité de lumière blanche. Pour s'en affurer,
Exp. 2. *il fuffit de faire tomber celle du foleil fur une lame
de verre noir bien polie , & de la recevoir enfuite*
Exp. 3. *fur un papier blanc* (1). *Or fi on regarde à travers un prifme , & de fort près , un corps noir* (2)
*placé fur fond noir , on le verra bordé d'iris très-
marquées.*

Ainfi les bandes de papier peint en bleu &
en rouge, vues fur fond noir, offrent les
phénomènes qu'offriroit fur même fond une
bande de papier blanc. —— Leurs images font-
elles abaiffées par la réfraction ? —— Le bord
fupérieur de chacune paroît liféré de rouge &
de jaune ; le bord inférieur, de bleu & de violet. Mais les rayons jaunes & les rayons rouges
fur bleu forment une teinte obfcure (3) qui fait

---

(1) Il eft de fait, d'ailleurs, qu'avec ces fubftances
on peut faire d'affez paffables miroirs.

(2) Il faut que cet objet ait un peu de relief.

(3) C'eft ce qui s'obferve en projettant le fpectre fur
des papiers différemment colorés.

paroître plus bas le bord fupérieur de l'image bleue ; tandis qu'ils ajoutent de l'éciat & de l'étendue au bord fupérieur de l'image rouge : ce qui le fait paroître d'autant plus haut. D'un autre côté, les rayons bleus & les rayons violets fur rouge forment une teinte obfcure (1), qui fait paroître plus haut le bord inférieur de l'image rouge; tandis qu'ils ajoutent de l'éclat & de l'étendue au bord inférieur de l'image bleue : ce qui le fait paroître d'autant plus bas.

Les images font-elles élevées par la réfraction ? les phénomènes font inverfes. Or ces iris qui bordent conftamment l'image des corps ifolés vus au prifme, & dont Newton ne dit pas un mot, font l'unique caufe du tranfport apparent de l'une de ces images au-deffus de l'autre. Quoiqu'au premier coup-d'œil ce phénomène femble tenir à la différente réfrangibilité des rayons hétérogènes, il appartient donc réellement à leur différente déviation.

Au furplus, les couleurs de la bande peinte en bleu & en rouge, vues à quelque diftance,

____

(1) Ces teintes obfcures viennent de ce que les corps bleus foncés, peu propres à réfléchir les rayons jaunes & rouges, les abforbent en très-grand nombre ; de même que les corps rouges foncés font peu propres à réfléchir les rayons bleus & violets.

paroissent si sales, si confuses, qu'il est presque impossible de les distinguer. Ce que l'Auteur attribue à des rayons hétérogènes mélés
à ceux qui produisent chacune de ces couleurs :
mais que ce phénomène ne tienne pas à cette

Exp. 4. cause, la preuve est sans replique ; *puisqu'en
regardant à travers un prisme convenablement incliné, un plan rouge & un plan bleu, de teintes
pareilles à celles de la bande, également divisés par
deux lignes blanches parallèles, & placés à côté l'un
de l'autre, de manière que leurs bords soient cachés par ceux d'un diaphragme appliqué à la dernière surface réfringente, & percé de deux petites
ouvertures oblongues sur la même horisontale, des-
tinées chacune à transmettre les rayons de l'un de
ces plans, à quelque distance que l'œil soit du
prisme, tant que le prisme est peu éloigné des plans,
leurs parties apparentes se trouvent toujours entre
les mêmes parallèles, & toujours leurs teintes paroissent aussi nettes qu'à vue simple.* Cependant
jamais le prisme ne seroit plus avantageusement
placé pour faire paroître ces images plus élevées l'une que l'autre & les faire paroître confuses, que lorsqu'il est éloigné de l'œil ; puisque c'est dans le seul intervalle de l'organe au
verre que les rayons hétérogènes émergens peuvent se séparer. Ainsi la différence des phénomènes ne vient pas de la différente réfraction

des rayons incidens, mais de la différente incidence des rayons réfractés.

Couronnons cette démonstration par une autre expérience aussi neuve que décisive. *Elle consiste à regarder à travers un prisme une bande de carton blanc bien éclairée, & opposée à un fond noir ; à tenir le prisme à telle distance de l'œil que les iris paroissent peu étendues, & à élever ou abaisser le bord d'une lame métallique vers la prunelle, suivant que l'objet paroît élevé ou abaissé par la réfraction* (1). *Or, à mesure que le bas de la lame métallique s'avance vers le milieu de la prunelle, on voit les iris diminuer peu-à-peu, & disparoître enfin tout-à-fait.* Puis donc que les iris peuvent être supprimées sans que l'image soit moins nettement terminée que si l'objet étoit vu à œil nud, les rayons hétérogènes

Fig. 5.

----

(1) On conçoit que si le sommet de l'angle réfringent est tourné en haut, il faut abaisser le bord de la lame métallique, & réciproquement. Au reste l'expérience est délicate, & elle demande quelque habitude, quelques précautions. Par exemple, l'Observateur doit avoir le dos tourné vers l'endroit d'où vient le jour, le bord de la lame doit être très-peu distant de la cornée, & l'angle réfringent doit avoir quinze ou vingt degrés, quoique l'expérience puisse réussir avec un prisme quelconque.

qui les forment ne viennent nullement de la
furface de l'objet, mais de fa circonférence. Et
puifque les rayons venus d'un objet blanc font
tous également réfractés par le prifme, il eft
évident que les hétérogènes font tous également
réfrangibles.

Il eft donc hors de doute que la PREMIÈRE
EXPÉRIENCE de Newton eft illufoire, & que
dans cette expérience notre profond Géomètre
a pris le change fur la caufe des phénomènes.

Venons à fa TROISIÈME EXPÉRIENCE, celle
d'où prefque toutes les autres découlent, celle
qu'il ramène à chaque inftant, celle en un mot
qui fait la bafe de fa doctrine.

III. EXPÉRIENCE.

Fig. 3.
« Ayant introduit un faifceau de rayons
» folaires dans une chambre fort obfcure par
» un trou rond de quatre lignes, percé au vo-
» let de croifée (dit notre Auteur), je le
» fis paffer à travers un prifme de verre pur,
» de manière que la réfraction les projettoit
» fur le mur au fond de la chambre, où ils tra-
» çoient une image colorée du foleil. En tour-
» nant de part & d'autre, mais lentement, le
» prifme fur fon axe, qui étoit perpendicu-
» laire aux rayons, je voyois l'image monter

» & defcendre. Lorfqu'elle parut ftationnaire
» entre ces deux mouvemens oppofés, je fixai
» le prifme ; car alors les réfractions des rayons
» aux deux côtés de l'angle réfringent (c'eft-
» à-dire à leur entrée & à leur fortie) étoient
» égales entr'elles : enfuite je reçus cette image
» fur une feuille de papier blanc, perpendicu-
» laire aux rayons ; puis j'obfervai fes dimen-
» fions & fa figure. Oblongue, fans être ovale,
» elle étoit terminée affez nettement par deux
» côtés rectilignes & parallèles, mais confufé-
» ment par deux bouts femi-circulaires, où la
» lumière s'affoibliffant peu-à-peu, s'évanouif-
» foit enfin tout-à-fait. La largeur de l'image
» colorée répondoit à celle du difque folaire ;
» car à 18 pieds & $\frac{1}{2}$ du prifme elle étoit de
» 2 pouces & $\frac{1}{8}$ environ, en y comprenant la pé-
» nombre. Or, étant diminuée de tout le dia-
» mètre du trou fait au volet, c'eft-à-dire d'un
» quart de pouce, elle foutendoit au prifme un
» angle d'environ demi-degré, qui eft le diamètre
» apparent du foleil ; mais la longueur de l'image
» étoit d'environ 10 pouces & $\frac{1}{4}$, & celle des
» côtés rectilignes, d'environ 8 pouces, lorf-
» que l'angle réfringent avoit 64 degrés.
» Quand cet angle étoit plus petit, la lon-
» gueur de l'image étoit auffi plus petite,
» fa largeur demeurant la même. Si je tournois

» le prifme fur fon axe, de manière à faire for-
» tir les rayons plus obliquement de la feconde
» furface réfringente, bientôt l'image devenoit
» plus longue d'un ou deux pouces ; & elle s'ac-
» courciffoit d'autant, fi je le tournois de ma-
» nière à faire tomber les rayons plus oblique-
» ment fur la première furface réfringente. Auffi
» m'appliquai-je à donner au prifme la fituation
» la plus propre à rendre égales entr'elles les
» réfractions que les rayons fouffroient à fes
» côtés. Celui dont je fis ufage avoit quelques
» filandres qui s'étendoient d'un bout à l'autre,
» & qui difperfoient irrégulièrement une partie
» des rayons folaires, mais fans augmenter fen-
» fiblement la longueur du *fpectre* ; dénomination
» que je donnerai à l'image colorée : car ayant
» répété l'expérience avec d'autres prifmes, les
» réfultats furent uniformes ; mais comme il eft
» aifé de fe tromper fur la fituation convenable
» du prifme, je répétai quatre ou cinq fois
» l'expérience, & toujours la longueur de l'image
» fe trouva telle que je l'ai marquée.... Avec
» un autre prifme d'un verre plus pur, d'un
» poli plus parfait, & dont l'angle réfringent
» étoit de 63° 30', la longueur de l'image, à
» la même diftance, fe trouva environ de 10
» pouces. Il eft vrai qu'à trois ou quatre lignes
» des extrémités de l'image, la lumière paroif-
» foit

» foit un peu purpurine , mais cette teinte étoit
» fi foible , que je l'attribuai en grande partie à
» quelques rayons irrégulièrement difperfés par
» quelque inégalité dans la matière & le poli
» du prifme : auffi ne l'ai-je pas ajoutée aux me-
» fures dont je viens de parler. Au refte, la
» différente grandeur du trou fait au volet, la
» différente épaiffeur du prifme à l'endroit où
» les rayons le traverfent, & les différentes incli-
» naifons de fon axe à l'horifon, ne produi-
» foient aucun changement fenfible dans la lon-
» gueur de l'image. La différente matière des
» prifmes n'y en produifoit non plus aucun :
» car avec un prifme à eau, les réfractions
» furent égales. D'ailleurs, comme les rayons
» émergeoient du verre en ligne droite, ils
» avoient tous l'inclinaifon réciproque qui don-
» noit la longueur de l'image, c'eft-à-dire,
» une inclinaifon de plus de deux degrés &
» demi. Suivant les lois connues de la Diop-
» trique , il n'étoit pourtant pas poffible qu'ils
» fuffent fi fort inclinés l'un à l'autre. Car foient
» E G le volet ; F le trou qui donne paffage
» au faifceau de rayons ; A B C le prifme
» vu par un de fes bouts ; X Y le foleil ; M N
» le papier blanc fur lequel eft projetée l'image
» folaire P T , dont les côtés parallèles *v* & *w*
» font rectilignes , & les extrémités P & T

Fig. 3.

» femi-circulaires. Soient auffi Y K H P, &
» X L J T, deux rayons, dont le premier allant
» de la partie inférieure du foleil à la partie fu-
» périeure de l'image, eft réfracté par le prifme
» en K & H; & le dernier, allant de la partie
» fupérieure du foleil à la partie inférieure de
» l'image, eft réfracté en L & J. Cela pofé,
» il eft clair que la réfraction en K étant égale
» à la réfraction en J, & que la réfraction en L
» étant égale à la réfraction en H; les réfrac-
» tions totales des rayons incidens en K & L,
» font égales aux réfractions totales des rayons
» émergens en H & J : d'où il fuit, (en ajou-
» tant chofes égales à chofes égales) que les ré-
» fractions en K & H, prifes enfemble, font
» égales aux réfractions en J & L prifes en-
» femble : par conféquent, les deux rayons
» fuppofés également réfractés, devroient con-
» ferver après leur émergence, l'inclinaifon
» qu'ils avoient avant leur incidence, c'eft-à-
» dire, l'inclinaifon d'un demi-degré, diamètre
» apparent du foleil.

» La longueur de l'image foutendroit donc
» au prifme un angle d'un demi-degré, elle feroit
» donc égale à la largeur v w : ainfi l'image fe-
» roit ronde. Ce qui arriveroit infailliblement, fi
» les deux rayons X L J T, & Y K H P, & tous
» les autres qui concourent à former l'image

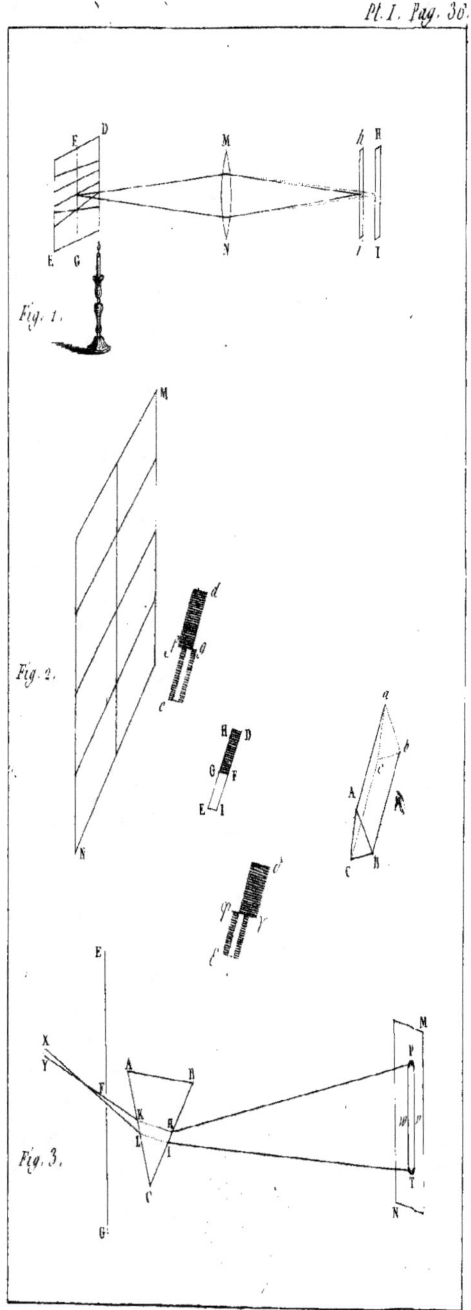

Thouvard sculp.

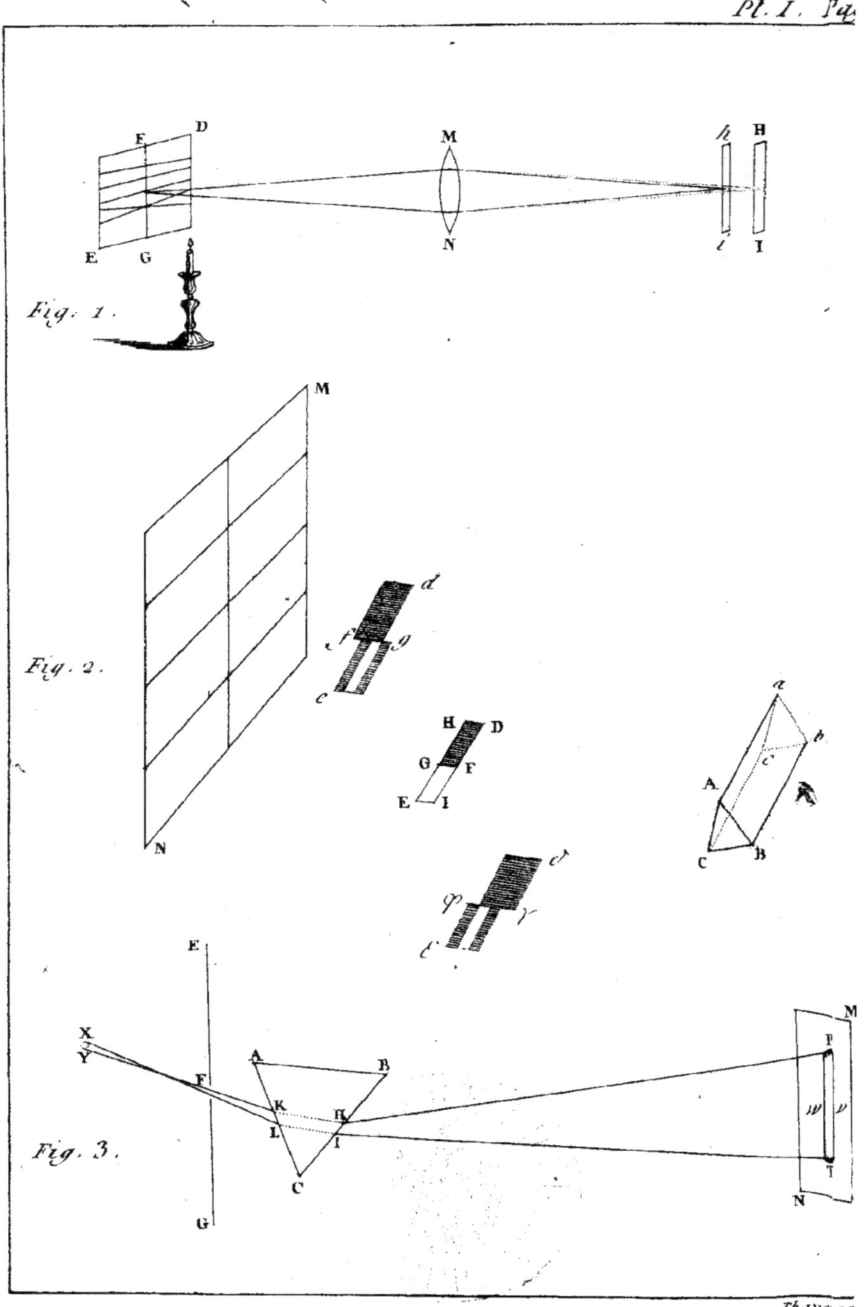
F D
M
h H
E G
Fig. 1.
M
d
f g
c
H D
G F
E I
a
b
c
A
C B
d
φ γ
Fig. 2.
E
X
Y
A B
F
K H
L I
C
M
p
w v
T
N
G
Fig. 3.
Thercar

» P *v* T *w*, étoient également réfrangibles. Mais
» puisqu'elle est environ cinq fois plus longue
» que large, les rayons portés par la réfrac-
» tion à son extrémité supérieure P, doivent
» être plus réfrangibles que les rayons portés
» à son extrémité inférieure T, si toutefois leur
» inégalité de réfraction n'est pas accidentelle.
» Or l'image P T étant rouge à son extrémité
» supérieure, violette à son extrémité infé-
» rieure, & jaune, verte, bleue dans l'espace
» intermédiaire, il suit de-là nécessairement que
» les rayons qui different en couleur, different
» aussi en réfrangibilité » (1).

C'est le triomphe de Newton, Messieurs, que
l'art avec lequel il applique la Géométrie à la
Physique; & rien n'égaleroit la solidité de ses
raisonnemens, s'ils portoient toujours sur des
principes bien établis. Mais ne sortons point de
notre sujet, & pour faire sentir le faux des conséquences qu'il a déduites de sa fameuse expérience, simplifions-en l'énoncé.

D'un petit faisceau de rayons solaires transf-
mis par un prisme, résulte l'image connue sous
le nom de *spectre*. Au lieu d'être circulaire, lorf-

---

(1) Nouvelle Traduction, vol. 1 , pag. 24-30.

que les réfractions aux furfaces de l'angle réfringent font fuppofées égales (1), cette image
eft toujours plus ou moins oblongue, fuivant
que cet angle eft plus ou moins ouvert. Mais
quelles qu'en foient les dimenfions, les couleurs dont elle eft compofée occupent conftamment des efpaces diftinéts. Or l'impoffibilité,
ou plutôt la difficulté d'accorder la longueur du
fpeétre ftationnaire avec les lois connues de l'Optique, détermina Newton à établir la doétrine
de l'inégale réfrangibilité des rayons hétérogènes; car leur ayant fuppofé le même angle
d'incidence, il ne vit pas comment ils pourroient
fe réfraéter les uns plus que les autres, à moins
qu'ils ne fuffent plus ou moins réfrangibles.

Parmi les couleurs du fpeétre, il en compta
fept principales, dont toutes les autres ne font
que des nuances graduelles. Le fpeétre feroit
donc compofé d'une infinité (2) d'images circulaires du foleil, dont chacune formeroit (3)

____

(1) Je dis, fuppofées égales, car l'Auteur ne démontre pas leur égalité , mais il la déduit de la fituation
où l'image fe trouve à égale diftance des points extrêmes qui la terminent, lorfqu'on tourne de part &
d'autre le prifme fur fon axe, fituation qu'il appelle im-
proprement *ftationnaire*.

(2) Voyez la Ve Expérience de l'Auteur.

(3) On n'a ceffé d'objeéter contre le fyftême Newto-

quelque nuance particulière de l'une ou l'autre de ces couleurs.

Sans doute rien de plus conséquent en apparence que le raisonnement de Newton ; mais il porte sur deux hypothèses également fausses : car les rayons qui forment les extrémités du spectre ne tombent pas sur le prisme avec les directions supposées, & les rayons qui en forment les teintes sont déjà décomposés avant leur incidence sur le prisme. Le moyen d'en douter, puisque les rayons se dévient & se décomposent constamment à la circonférence de tous les corps ; ils doivent donc nécessairement se dévier & se décomposer au bord du trou destiné à les introduire dans la chambre obscure : déviation & décomposition (je le répete) que notre illustre Auteur n'ignoroit certainement pas ; mais dont il ne tint aucun compte dans la formation du spectre ; & c'est-là, il faut en convenir, une inconséquence assez singulière du système de la différente réfrangibilité. Ainsi il est hors de doute qu'il n'a point fait entrer dans sa démons-

____

nien, que les couleurs du spectre ne sont pas tranchées ; mais on sent bien que cette objection, tant rebattue, porte à faux, puisque Newton admet pour chaque couleur une infinité de nuances.

tration plusieurs élémens essenciels : comment donc seroit-elle juste ?

Pour en mieux saisir les défauts, examinons les phénomènes, & comparons ceux qu'offrent les rayons solaires émergens du prisme à ceux qu'ils offriroient, si leur réfrangibilité étoit réellement différente : examen que l'Auteur auroit dû faire, qu'il n'a point fait (1), & qui nous fournira contre lui une multitude d'observations tranchantes, qui ont également échappé à ses partisans & à ses adversaires.

Me sera-t-il permis de le dire sans détours ? Rien de moins propre à expliquer la formation du spectre que la doctrine de la différente réfrangibilité : loin que les phénomènes découlent de ce principe, ils lui sont diamétralement opposés. Une assertion aussi hardie ne peut être justifiée que par des preuves sans replique : telles sont celles qui vont être mises sous les yeux de

____

(1) Ce n'est qu'à *la VIIIᵉ Proposition de la IIᵉ Partie du Liv. I*, qu'il entreprend de rendre raison de ces phénomènes. Mais ce qu'il en dit ne sauroit satisfaire un Observateur judicieux, & ne doit pas être confondu avec l'examen dont nous allons nous occuper.

l'Académie; & afin qu'elles foient examinées avec la plus grande rigueur, je commence par demander un redoublement d'attention.

Dans le fyftême Newtonien , le fpectre eft compofé d'autant d'images folaires dréffiemment colorées, que la lumière directe du foleil contient d'efpèces différentes de rayons (1). Ces images circulaires & de même grandeur s'y trouvent fuperpofées de façon à empiéter plus ou moins l'une fur l'autre : car leurs teintes ne font bien développées , qu'autant que les réfractions totales aux deux furfaces réfringentes font égales. Alors le fpectre eft ftationnaire , & fa longueur eft toujours proportionnelle à l'obliquité réciproque de ces furfaces. — Eft-il formé d'un faifceau de rayons projetés à vingt pieds de diftance à leur fortie d'un prifme de verre blanc, de 60 à 64 degrés ? Il doit avoir en longueur au moins cinq fois fa largeur, qui correfpond toujours au diamètre apparent du foleil.

Obfervons ici que quand le prifme fe trouve dans la pofition convenable , la longueur du fpectre varie beaucoup à mefure qu'on incline plus ou moins à l'axe des rayons émergens le plan (2) où il eft projeté : or, fi le fpectre fta-

____

(1) Voyez ci-après fa Ve Expérience.

(2) Ce plan fait d'une planche liffe & blanchie , doit

tionnaire projeté à vingt pieds de diftance fur un plan perpendiculaire à l'horifon (1) eft à-peu-près cinq fois plus long que large ; ce n'eft pas (comme le prétend l'Auteur), parce que les rayons hétérogènes font bien féparés, mais parce que le rayons décompofés au bord du trou qui tranfmet leur faifceau, tombent obliquement fur le plan qui les reçoit. Tout ce qu'il nous dit des vraies dimenfions de la prétendue image colorée du foleil, eft donc pure hypothèfe. Mais ce n'eft-là rien encore.

Newton recommande expreffément, pour le fuccès de l'expérience, que les réfractions totales des rayons aux furfaces réfringentes foient égales : elles font néanmoins fort éloignées de Exp. 6. l'être dans le fpectre ftationnaire. *Alors qu'on applique à chaque furface une bande de papier fort mince, le champ (2) des rayons émergens, comme*

---

avoir 3 pieds en longueur fur 8 pouces en largeur, fe mouvoir à genouil, & être porté fur une tige coulant dans une colonne, & fe fixant à hauteur convenable au moyen d'une vis de preffion.

(1) Dans ce cas, l'expérience doit être faite lorfque le foleil approche du zénith.

(2) Alors auffi le champ continue d'être circulaire & bordé de croiffans colorés, à 20 pouces du prifme ; au

celui des rayons incidens , paroîtra ellyptique , & — Fig. 4.
dans tous deux le grand diamètre sera vertical à
raison de l'obliquité des surfaces. Si , tangente au bord — Exp. 7.
supérieur de la dernière , la bande se trouve perpendiculaire à l'axe (1) du faisceau ; le champ des
rayons émergens , circonscrit de larges croissans colorés , sera ellyptique , & son grand diamètre horisontal : d'où il suit que non-seulement les réfractions — Fig. 5.
totales des rayons qui forment le spectre , ne sont
pas égales : mais que les rayons des croissans supérieurs & inférieurs convergent les uns vers
les autres. La preuve est décisive : car le champ — Exp. 3.
devient circulaire , & n'est plus circonscrit que de petits croissans colorés , dès qu'on incline davantage
la première surface à l'axe du faisceau , sans néanmoins toucher au plan ; mais alors le spectre n'a guère
en longueur qu'un diamètre & demi du disque solaire.

Si la bande de papier , distante de 6 lignes , se — Exp. 9.
trouve parallèle à la dernière surface , le champ de
lumière offrira un spectre bien développé , dont la
longueur sera au moins de 12 diamètres. Les rayons — Fig. 6.
qui le forment s'entremêlent donc sur le plan où
ils sont projetés ; & c'est de leur mélange , non

lieu que dans la position recommandée par Newton , à
2 pouces du prisme , il offre un spectre tout formé.

(1) Pour que l'expérience soit bien faite , le plan ne
doit pas être , comme dans celle de l'Auteur , perpendiculaire à l'horison , mais à l'axe du faisceau émergent.

de leur féparation que viennent les teintes de l'image colorée.

Mais inclinons le prifme aux rayons incidens, comme il doit l'être pour que le champ de ceux qui émergent foit circulaire à la dernière furface réfringente ; & voyons dans quel ordre les couleurs du fpectre fe développeroient, fi le fyftême Newtonien étoit fondé.

Tant que le champ eft bien circulaire (1), les prétendues images colorées du foleil coïncident parfaitement ; celle qui réfulte de leur réunion devroit donc conferver une blancheur par-
faite : mais qu'on *applique à la dernière furface réfringente une bandelette de papier très-fin ; on appercevra des filets colorés autour du champ de lumière* (2), *quoiqu'il n'ait rien perdu de fa rondeur.* Phénomène diamétralement oppofé aux principes de Newton.

Lorfque le champ des rayons qui émergent

Exp. 10.

Fig. 7.

---

(1) Je fuppofe le trou qui fert à les introduire dans la chambre obfcure , lui-même exactement rond.

(2) Mieux que cela , fi on applique à la dernière furface réfringente , la bandelette de papier ; on verra le champ des rayons émergens circonfcrit de filets co-lorés très-foibles.

paroît circulaire à la dernière furface réfringente , il eft toujours ellyptique fur un plan perpendiculaire à l'axe du faifceau , quoique rapproché au point d'être en contact avec le bord fupérieur de cette furface. Inclinons donc encore le
prifme aux rayons incidens, pour que ce champ
devienne circulaire, c'eft-à-dire, pour que les réfractions totales des rayons deviennent égales;
& continuons à fuivre le développement des couleurs du fpectre, d'après la doctrine de l'Auteur.

Tandis que les prétendues images colorées
du foleil coïncident, ai-je dit plus haut, le champ
formé de leur réunion doit conferver fa blancheur, il ne peut donc paroître coloré qu'autant
que ces images fe dégagent l'une de l'autre ; &
alors il s'alonge néceffairement. Mais la réfrangibilité relative des rayons hétérogènes étant
déterminée fur la direction qu'ils conferveroient,
s'ils n'étoient pas réfractés par le prifme ; ces
rayons doivent commencer à fe féparer au feul
côté du champ vers lequel la réfraction les porte.
Ainfi, après les avoir projetés fur le plan (1)
maintenu dans la même direction & interpofé

---

(1) Il faut toujours entendre par ce mot un morceau de papier fin tendu fur un cadre monté à colonne,
de manière à prendre la pofition que l'on veut.

à quelques lignes du prifme ; on ne devroit
appercevoir qu'un très - petit croiſſant violet
à l'extrémité fupérieure du champ ; par-tout
ailleurs ces rayons encore confondus continueroient à former un blanc pur , excepté à l'extrémité inférieure où ils formeroient un blanc
fale, à raiſon de la fouſtraction des violets réputés les plus réfrangibles. D'un côté néanmoins
paroît un croiſſant bleu circonſcrit d'un violet;
de l'autre côté , un croiſſant jaune circonſcrit
d'un rouge : comme ſi l'axe de leur faiſceau
étoit le point d'où ils s'écartent réciproquement,
en vertu de leur différente réfrangibilité. Nouveau phénomène diamétralement oppoſé aux
principes de Newton.

Fig. 8.

A meſure qu'on éloigne du prifme le plan où
les rayons font projetés , on devroit voir les
prétendues images colorées du foleil ſe dégager
l'une de l'autre fous la forme de croiſſans. Tandis qu'elles coïncideroient encore , le ſeul croiſ-
fant violet , à l'extrémité fupérieure du champ ,
paroîtroit de la couleur des rayons qui concourent à le former; parce que ces rayons , étant les
plus réfrangibles , feroient les feuls féparés complettement. Tous les autres croiſſans devroient
donc paroître fous des teintes étrangères , pluſieurs eſpèces de rayons s'y trouvant confondues;

& ces teintes feroient d'autant plus foibles, plus indécifes, plus fales, qu'elles s'éloigneroient moins de la dernière image ; car alors elles réfulteroient du mélange d'un plus grand nombre de rayons hétérogènes. Quant à l'extrémité inférieure du champ, elle devroit toujours paroître d'un gris fale ou d'une teinte indécife, jufqu'au moment où les deux dernières images cefferoient de coïncider : alors feulement le croiffant rouge paroîtroit fous fa vraie couleur, fes rayons étant réputés les moins réfrangibles.

Auffi-tôt qu'une nouvelle image viendroit à fe dégager, chaque croiffant placé entre les extrêmes paroîtroit fucceffivement d'une teinte différente ; mais moins fale, moins indécife.

Enfin, après que les prétendues images colorées du foleil feroient tout-à-fait féparées, les croiffans placés entre les extrêmes, s'arrondiffant eux-mêmes peu-à-peu, pourroient être vus fous leurs vraies couleurs.

Voilà des conféquences néceffaires du fyftême Newtonien ; mais que les faits font bien loin de confirmer : car, tandis que le champ conferve prefque toute fa rondeur, à fes extrémités oppofées paroiffent à la fois des croiffans de diverfes couleurs, toutes également décidées, toutes également nettes, toutes également vives.

Lorfque le champ s'allonge, aucune de ces

couleurs ne change, mais chacune perd de fon éclat : ainfi jamais elles ne feroient plus pures que quand les rayons des images folaires, dont elles font cenfées réfulter, feroient encore tous confondus ; & loin de gagner de la netteté, quand ils fe féparent, elles perdroient toujours de leur brillant.

Enfin les réfractions prifmatiques portant tous les rayons du même côté, les plus réfrangibles & les moins réfrangibles feroient également réfractés, puifque les croiffans violet & rouge paroiffent à la fois, & font féparés au même inftant de ceux de moyenne réfrangibilité. — Inconféquences frappantes du fyftême que j'examine ; mais pour les faire fortir encore davantage, entrons ici dans quelques détails.

On vient de voir qu'à la diftance (1) où le plan fe trouve du prifme, lorfque les croiffans rouge, jaune, bleu & violet paroiffent, le champ de lumière conferve prefque toute fa rondeur : cependant il devroit être allongé au moins de toute l'étendue de ces croiffans. Que dis-je! de toute cette étendue, —— des rayons hétérogènes qui forment les prétendues images

-----

(1) A quelques lignes.

colorées du foleil , dont ces croiffans font fuppofés faire partie , les plus réfrangibles au fortir
du prifme s'éloignent progreffivement des moins
réfrangibles , à raifon de leurs degrés refpectifs
de réfrangibilité. Ainfi aucune image ne pourroit fe dégager à l'une des extrémités du fpectre ,
que proportionnellement à l'excès de réfrangibilité de fes rayons fur ceux d'une autre image.
On ne devroit donc commencer à voir paroître
le croiffant jaune , que lorfque le champ de lumière auroit une longueur prodigieufe. Car fi
aucune teinte du fpectre n'eft pure qu'autant que
fes rayons font bien féparés des autres , ce
croiffant ne pourroit fe montrer fous fa vraie
couleur , qu'après que toutes les images violettes,
toutes les images indigo , toutes les images
bleues , & toutes les images vertes feroient entièrement féparées ; c'eft-à-dire lorfque le champ
de lumière auroit en longueur au moins quatre
mille fois fon diamètre , même en bornant à
mille pour chaque couleur principale le nombre
de fes nuances réputées infinies. C'eft là une
fuite néceffaire des rapports de réfrangibilité
que Newton lui-même a fixés. On demandera
fans doute avec furprife comment des conféquences auffi fimples ont échappé à ce profond
Géomètre : mais l'étonnement redouble , lorfqu'on pouffe l'examen jufqu'au bout.

Selon lui, le fpectre eft compofé d'images circulaires égales en diamètre, différentes en couleur, fuperpofées, mais empiétant plus ou
moins l'une fur l'autre. Or fi on examine le champ
des rayons projetés fur un plan, à quelques
lignes du prifme, le haut paroîtra immédiatement circonfcrit d'un croiffant bleu adoffé à un
violet ; le bas, d'un croiffant jaune adoffé à un
rouge. Mais puifque ce champ n'a prefque rien
perdu de fa rondeur, le croiffant jaune feroit
fuperpofé fur l'image rouge : de même que le
croiffant bleu feroit fuperpofé fur l'image violette : comment donc le jaune n'eft-il pas orangé, & comment le bleu n'eft-il pas indigo ? car
dans tous ces points leurs rayons fe confondent
néceffairement. Quoi ! ces rayons feroient
encore tous confondus, & ils produiroient des
teintes brillantes & pures, des teintes entièrement différentes de celles qui devroient réfulter
de leur mélange ? L'inconféquence faute aux
yeux.

Jufqu'ici le plan a été interpofé fort près du
prifme : éloignez-le peu-à-peu ; vous verrez les
croiffans violet, bleu, jaune & rouge s'étendre
par degrés ; puis du mélange des fupérieurs réfulter

fulter un croiſſant orangé. Phénomène doublement oppoſé aux principes de l'Auteur : car,
non-ſeulement le croiſſant indigo ne devroit pas
provenir d'un mélange du bleu & du violet,
comme l'orangé ne devroit pas provenir d'un mélange du jaune & du rouge, puiſque les rayons indigos & orangés ſont réputés primitifs ; mais les
rayons bleus ne devroient pas paroître avant
les indigos, puiſqu'ils ſont réputés moins réfrangibles.

En éloignant un peu le plan, on voit les
croiſſans bleu & jaune s'étendre, devenir
contigus, & faire diſparoître la blancheur de
l'eſpace intermédiaire. Or par quelle bizarre
inconſéquence ces croiſſans auroient-ils au milieu
du champ des teintes pures, tandis que leurs
rayons reſpectifs ſeroient encore confondus avec
ceux de toutes les autres teintes du ſpectre ?
car à ce point (1) le champ de lumière ceſſe
à peine d'être circulaire.

En continuant d'éloigner le plan, les rayons
des croiſſans bleu & jaune ſe mêlent, & de
leur mélange réſulte une teinte verte. Phénomène
triplement oppoſé aux principes de l'Auteur ;
car dès que cette teinte réſulte du mélange
de ces deux croiſſans, les rayons verts ne

------

(1) A 15 ou 16 pouces du priſme.

D

font certainement pas primitifs. Mais à les fuppofer tels , il eft manifefte, d'après leur prétendu degré de réfrangibilité , qu'ils ne paroîtroient pas les derniers, & long-temps après les
jaunes, les orangés & les rouges , réputés beaucoup moins réfrangibles. Ils ne devroient pas
non plus paroître au milieu du champ de lumière, & fous la forme d'un ovale, mais fous
la forme d'un croiffant adoffé au bleu. Enfin
d'après l'hypothèfe gratuite & contradictoire que
la réfraction écarte également de l'axe du faifceau folaire & les moins réfrangibles & les plus
réfrangibles , l'image verte ou plûtot les images
vertes ne fauroient paroître fous leur vraie
couleur au milieu du champ, à moins qu'elles
ne s'y trouvent feules, c'eft-à-dire que toutes
les images bleues & jaunes ne foient affez bien
féparées pour laiffer cet efpace à découvert ; ce
qui fuppofe le champ de lumière extrêmement
long : au lieu que la teinte verte commence à
paroître avant qu'il ait un diamètre & demi en
longueur.

Le fpectre eft-il formé ? —— à mefure qu'on
éloigne le plan où font projetés les rayons , on
le voit s'étendre en longueur & en largeur;
mais fes teintes paroiffent toujours de moins en
moins brillantes & diftinctes. Phénomène incon-

cevable dans le fyftême de l'Auteur : parce que les rayons hétérogènes devroient fe féparer de plus en plus, à mefure qu'ils fe prolongent. Ces teintes ne feroient donc jamais moins pures, que lorfque ces rayons feroient le plus féparés.

Une autre inconféquence non moins frappante, c'eft que l'intenfité des nuances ne fuit pas le même ordre dans toutes les couleurs du fpectre. Plus fortes vers fes extrémités, elles vont en s'affoibliffant vers fon milieu. Ainfi à comparer les rayons refpectifs des différentes nuances de la même couleur, les plus réfrangibles des violets, des indigos & des bleus, feroient les plus foncés : au lieu que les plus réfrangibles des jaunes, des orangés & des rouges feroient les moins foncés : tandis que les verts, tous de la même intenfité, feroient également réfrangibles, comme s'ils étoient le terme où commence la décompofition du faifceau.

Obfervons que les teintes des extrémités du fpectre font conftamment purpurines ; teintes que l'Auteur attribue à des rayons hétérogènes irrégulièrement difperfés par quelques inégalités dans le verre ou le poli : comme fi tous les prifmes avoient précifément les mêmes défauts, comme fi des caufes accidentelles pouvoient produire des effets conftans.

D 2

Enfin en projetant au loin le fpectre, on devroit voir fe féparer les prétendues images colorées du foleil : ce qui pourtant n'arrive jamais, à quelque diftance qu'il foit projeté.

Ainfi la doctrine de l'Auteur fur la formation du fpectre ne s'accorde avec les phénomènes, ni à l'égard des couleurs fous lefquelles paroiffent les prétendues images colorées du foleil, ni à l'égard du temps où elles fe dégagent, ni à l'égard de l'ordre qu'elles obfervent. Cette doctrine eft donc en tous points démentie par les faits.

Les preuves que nous venons de déduire contre le fyftême de la différente réfrangibilité font décifives affurément : il en eft toutefois de plus victorieufes.

On a vu que les rayons immédiats du foleil, encore tous confondus à leur émergence du prifme, devroient former un champ parfaitement circulaire, parfaitement acolore : & quoique les bords puiffent paroître colorés, auffi-tôt qu'ils ne font plus illuminés par tous les rayons hétérogènes à la fois, les couleurs du fpectre ne devroient paroître avec netteté dans ce champ, que lorfque fa longueur excéderoit au moins fept mille fois (1) fa largeur ; c'eft-à-

______

(1) Je borne encore ici à mille le nombre infini des

dire lorfque chacune des prétendues images folaires feroit bien féparée ; au lieu que toutes
ces couleurs y paroiffent avant qu'il ait un diamètre & demi en longueur. Ce qui s'obferve au
mieux lorfque l'angle réfringent n'a que 15
degrés d'ouverture : alors les rayons projetés
à 25 ou 30 pieds , forment un champ de lumière
verdâtre (1), circonfcrit de croiffans de différentes   Fig. 9.
couleurs. Dans ce cas , le fpectre fe trouve
formé au - dedans du champ : phénomène impoffible à concevoir dans les principes de l'Auteur.

Venons, Meffieurs, à la preuve la plus irréfiftible. Il eft de fait que la longueur du

---

nuances de chaque couleur prétendue primitive ; & l'on
voit que ce calcul eft modéré.

(1) L'Auteur attribue quelque part (V I I Ie Prop.
de la I I Part. du Liv. I) cette teinte à la couleur naturelle
des rayons folaires ; mais fans raifon , puifque ces
rayons à leur émergence du prifme forment un champ
d'une blancheur éblouiffante , lorfqu'on les projete fur
un plan blanchi: cette teinte eft donc produite par leur
décompofition. D'ailleurs , dans l'hypothèfe de l'Auteur, la teinte jaune ne pourroit jamais occuper le
milieu du champ , parce que les rayons y font encore
mêlés aux bleus & aux verts : leur mélange y produi-
roit donc une teinte verte.

D 3

ſpectre dépend de l'inclinaiſon des ſurfaces réfringentes aux rayons incidens. Lorſqu'il eſt ſtationnaire , & parfaitement développé ; ſi on augmente peu-à-peu l'inclinaiſon de la première
ſurface juſqu'à ce que les réfractions totales des
rayons ſoient égales , il s'accourcira par degrés
au point de paroître circulaire : cependant ſes
teintes , loin de ſe confondre, n'en ſeront que
plus vives. En continuant à augmenter l'inclinaiſon de la première ſurface , il s'accourcit
toujours de plus en plus , ſa longueur devient
un peu moindre que ſa largeur, & ſes teintes

Exp. II.   ont encore plus d'intenſité. *Enfin lorſqu'il eſt*
ſtationnaire, & que toutes ſes teintes ſont le mieux
développées , ſi , à quelques lignes du priſme , on
reçoit ſur un plan les rayons qui émergent , leur champ
offrira toutes ces teintes, & pourtant il eſt ellyptique,

Fig. 10.   *ſa longueur étant devenue moindre que ſa largeur.*
Phénomène impoſſible à concevoir dans les
principes de l'Auteur, & qui ſeul ſuffiroit pour
renverſer le ſyſtême de la différente réfrangibilité : car comment imaginer que toutes les
prétendues images colorées du ſoleil puiſſent
être ſéparées dans un eſpace moins étendu que
le diamètre d'une ſeule de ces images ?

A ces phénomènes on peut ajouter les phénomènes inverſes.

Fig. 4.

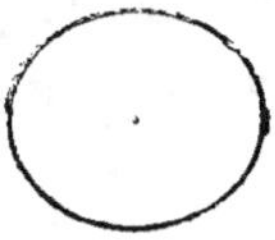

Fig. 5.

Fig. 6.

Fig. 7.

Fig. 8.

Fig. 9.

Fig. 10.

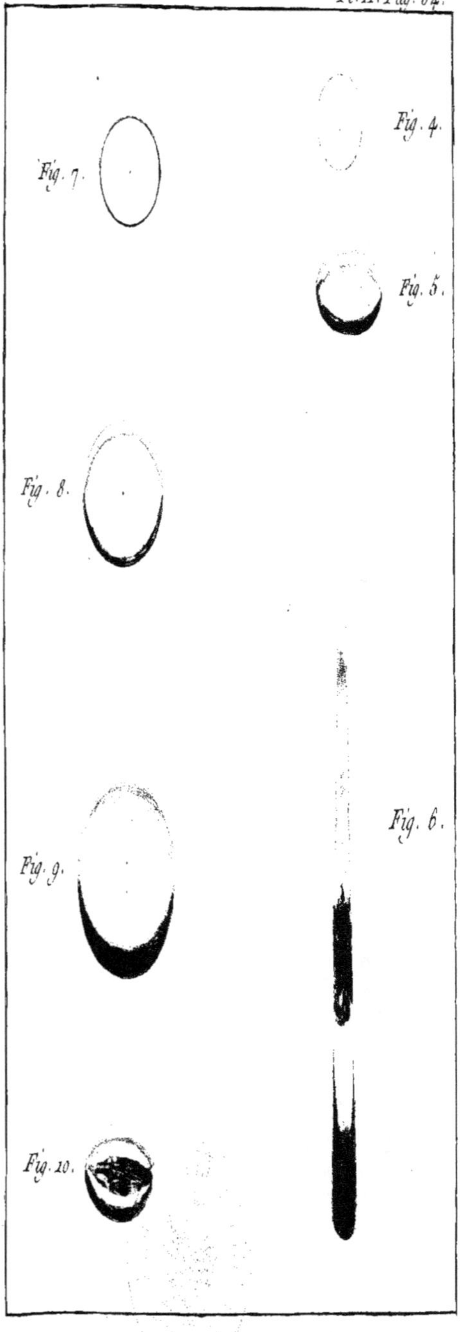

Fig. 7.
Fig. 4.
Fig. 5.
Fig. 8.
Fig. 6.
Fig. 9.
Fig. 10.

Si le spectre s'accourcit à mesure que les rayons tombent plus obliquement sur la première surface réfringente ; il s'allonge à mesure qu'ils y tombent moins obliquement.

Parvenu à sa plus grande longueur, pour peu que l'obliquité diminue encore , ses teintes disparoissent tour-à-tour ; d'abord la violette , puis l'indigo , puis la bleue , puis la verte , puis la jaune , puis l'orangée , enfin la rouge. Lorsque la violette , l'indigo & la bleue ont disparu, il paroît avoir à-peu-près les mêmes dimensions : lorsque la verte disparoît , il perd beaucoup de sa longueur ; mais il en conserve près de la moitié, lorsque la rouge reste seule (1).   Exp. 12.

Or comment le prisme cesseroit-il , à telle inclinaison de ses surfaces , de transmettre les rayons bleus , indigos & violets ; à telle autre inclinaison , les rayons violets , indigos, bleus & verts ; enfin à telle autre inclinaison , tous les

____

(1) *Quand le spectre est formé par un prisme entièrement exposé au soleil ; les phénomènes sont identiques , à cela près que les rayons des teintes supérieures se croisent ; comme on s'en assure , en les faisant passer par un diaphragme. N'omettons pas ici cette circonstance frappante , que les rayons de chaque teinte transmis par un trou rond , forment un champ quarré long , sur le plan où on les projette. Preuve irrésistible que ces teintes ne résultent pas d'images solaires superposées.*   Exp. 13.

rayons excepté les rouges ; & cela dans le temps même que le champ de ceux qui font réfléchis à la dernière furface réfringente eft acolore ?

Il faut en convenir, ces phénomènes font inconcevables dans le fyftéme de la différente réfrangibilité ; & d'autant plus inconcevables, que les rayons qui produifent chacune des teintes du fpe&re émergent du prifme tous féparés, *comme on le voit aux grains de pouffiere qui fe trouvent à fa fuperficie ; car ces grains prennent fucceffivement la teinte des rayons tranfmis.* Vous voyez, Meffieurs, que les premières notions de Géométrie, l'art d'analyfer les faits & une faine diale&ique, fuffifent pour démontrer que le fyftême de la différente réfrangibilité ne rend pas raifon de la formation du fpe&re : ce que Newton lui-même auroit mieux fenti que perfonne, s'il avoit pris la peine d'en déduire les conféquences, & de les comparer aux phénomènes.

De tant de faits diamétralement oppofés à fes principes, il réfulte que le fpe&re n'eft pas formé d'une infinité d'images folaires égales en diamètre & différentes en couleur, fuperpofées de façon à empiéter plus ou moins les unes fur les autres ; que la lumière immédiate du foleil n'eft pas compofée d'autant d'efpèces différentes de rayons qu'il le prétend, que cette lumière ne fe décompofe pas en fe réfractant aux furfaces du prifme, & que les rayons hétérogènes ne font pas différemment réfrangibles. Il eft donc démontré que fa TROISIÈME EXPÉRIENCE eft complettement illufoire.

Examinons celles qui fuivent.

IV. EXPÉRIENCE.

« Ayant fait tomber le faifceau folaire, in-
» troduit dans la chambre obfcure, fur un prifme
» placé à quelques pieds du volet, de manière
» que l'axe fût perpendiculaire aux rayons,
» Newton regarda au travers du prifme, en le
» tournant de part & d'autre fur fon axe pour
» rendre ftationnaire l'image du trou, afin que
» les réfractions aux deux côtés de l'angle ré-
» fringent fuffent égales entr'elles. En exami-
» nant cette image, il obferva que la longueur
» furpaffoit de beaucoup la largeur, & il trouva
» que la partie la plus élevée étoit violette,
» que la moins élevée étoit rouge, & que les
» parties intermédiaires étoient bleue, verte,
» jaune.

» Les mêmes phénomènes reparurent lorf-
» qu'ayant porté le prifme à l'œil, il regarda
» le ciel par le trou. Or il prétend que fi les

» rayons étoient régulièrement réfractés fuivant
» certain rapport entre les finus d'incidence &
» de réfraction, comme on le fuppofoit com-
» munément, l'image réfractée feroit ronde. D'où
» il conclut qu'à incidences égales, ces rayons
» fe rompent très-inégalement (1) ».

Quant au fonds, cette expérience variée rentre dans la précédente dont elle a tous les défauts: mais elle a auffi des défauts particuliers, fur lefquels je ferai quelques obfervations.

Il eft malheureux, & encore plus étrange, que Newton ait toujours choifi pour obferver le jeu de la lumière, des points de vue qui ne lui permettoient pas de s'appercevoir de l'illufion des phénomènes. Car au lieu de placer le prifme à quelques pieds du volet dans la *IV*e *Expérience*, s'il l'eût placé à quelques lignes comme dans *la III*e, ou plutôt après s'être placé à quelques pieds du volet pour regarder une petite portion de la voûte azurée (2) à travers le prifme appliqué contre l'œil, s'il s'en fût approché peu-à-peu jufqu'à la diftance de quelques lignes, les rayons tranfmis ne lui auroient

____

(1) Nouvelle Traduction, pag. 30 & 31.

(2) On verra bientôt pourquoi je préfère les rayons réfléchis aux rayons immédiats.

pas long-temps offert le phénomène d'où il eſt parti, comme d'un fait ſimple & conſtant, pour établir la doctrine de la différente réfrangibilité.

Sans doute, lorſqu'à cinq ou ſix pieds du volet on regarde à travers un priſme convenablement incliné, le trou qui donne paſſage aux rayons, on a une image parfaite du ſpectre : mais à meſure qu'on s'approche, cette image s'accourcit ; ſes bandes s'affoibliſſent, ſe rétréciſſent, changent de forme; bientôt la verte diſparoît, déjà la bleue eſt contiguë à la jaune, puis elles ſont ſéparées par un petit champ de lumière acolore. Ce champ s'étend peu-à-peu à meſure qu'elles continuent à ſe rétrécir ; enfin elles ne forment plus que des croiſſans très-étroits. Alors on voit diſtinctement le trou qui donne paſſage aux rayons, circonſcrit de filets colorés.

Exp. 14.

Si pour former le ſpectre, les rayons de lumière réfléchis par le ciel ſe décompoſoient en vertu de la différente réfrangibilité des hétérogènes ; pourquoi ne ſe décompoſeroient-ils pas lorſqu'ils tombent ſur le priſme à quelques lignes du trou fait au volet, comme ils ſe décompoſent lorſqu'ils tombent à quelques pieds ? car aſſurément leur réfrangibilité ne change pas avec la longueur du faiſceau tranſmis par ce trou. Peſez cette objection, Meſſieurs, je vous ſupplie, & j'oſe croire que vous la trouverez inſoluble.

Exp. 15.   **Il y a plus.** *Qu'on applique le prisme contre le trou, les filets colorés dont il est circonscrit disparoîtront à l'instant. Qu'on s'éloigne ensuite peu-à-peu du prisme jusqu'à la distance de 20, 30, 40 pieds, &c. on ne verra qu'une très-petite portion de la voûte azurée, mais parfaitement circulaire & parfaitement exempte d'iris.* Or observez que si les rayons hétérogènes étoient différemment réfrangibles, jamais ils ne seroient mieux séparés par le prisme, que lorsque sa distance à l'œil devient considérable : on devroit donc voir alors un spectre beaucoup plus étendu que dans l'expérience Newtonienne.

Voici des preuves plus tranchantes encore.

On aura sans doute été surpris que je n'aie pas opposé à Newton les résultats variés de son expérience faite sur les rayons immédiats du soleil. On en sentira la raison, si on considère que tous les corps sont environnés d'une zone de lumière décomposée. Or le soleil étant à une distance prodigieuse, vu à travers un prisme, il doit toujours offrir l'image du spectre ; parce que les rayons qui forment cette zone tombent sur des points de la première surface réfringente fort éloignés de ceux où tombent les rayons réfléchis par les bords du disque solaire.

Il en seroit de même de tout autre objet lu-

(61)

mineux vu dans l'éloignement. Mais *qu'à douze Exp. 16.
ou quinze pas on place une bougie allumée, &
qu'on s'en approche peu-à-peu en la regardant à
travers un prisme ; on observera que le spectre se
décompose constamment à mesure que la distance
diminue, & qu'il disparoît enfin totalement dès que
la distance devient très-petite.*

Mettons à cette preuve le sceau de l'évidence.

*Qu'on place la bougie allumée à six lignes de Exp. 17.
distance derrière un très-gros prisme à eau, de
70 à 75° ; l'œil, placé à quelques pouces de l'autre
côté, verra la flamme aussi distinctement que si
le prisme n'étoit pas interposé.*

*Qu'on éloigne la bougie de 10 à 12 pouces, Exp. 18.
la flamme paroîtra lisérée de petites iris : mais ces
iris n'augmenteront point à mesure que l'œil s'éloi-
gnera.*

*Si on substitue à la flamme un disque de papier Exp. 19.
blanc ; les résultats seront semblables.* Or tous
ces phénomènes font inconcevables dans le fyftême de la différente réfrangibilité : puifque les
rayons hétérogènes devroient néceffairement fe
féparer en parcourant l'intervalle du prifme à
l'œil, fi tant eft qu'ils foient différemment réfrangibles. Mais *fi on continue à éloigner l'ob- Exp. 20.
jet, à quelque distance que foit l'œil, les iris
s'étendront toujours davantage, & leurs teintes offriront enfin l'image du spectre.* Ces teintes vien-

nent donc de la lumière (1) décompofée avant
fon incidence fur le prifme ; car leur augmentation, à mefure que l'objet s'éloigne , ne peut
réfulter que de la différente incidence des rayons.
Et à quoi attribuer ces iris qu'aux rayons déviés
& décompofés à la circonférence de la flamme,
rayons toujours d'autant plus écartés les uns des
autres & de ceux des bords de l'objet , qu'ils fe
prolongent plus au loin.

Enfin ces iris peuvent être fupprimées par la
méthode indiquée à l'article de la PREMIÈRE
EXPÉRIENCE ; il eft donc indubitable qu'elles ne
tiennent point aux réfractions prifmatiques.

Mais ne quittons point encore l'expérience
de notre Auteur , & démontrons que les phénomènes ne découlent point de fes principes,
qu'ils lui font même diamétralement oppofés.

Ayant reçu le faifceau folaire à 15 pieds du
volet fur un gros prifme équiangle, placez l'œil
à 15 pouces de l'autre côté ; vous aurez l'image
du fpectre. Or, dans le fyftême Newtonien, les
rayons hétérogènes fe féparant à leur émergence du prifme deviennent bientôt très-divergens : écartés de la forte & bien féparés, ceux
qui produifent le fpectre ne peuvent donc pas

____

(1) Je développerai en grand ce phénomène dans
ma Théorie des lunettes achromatiques.

entrer à la fois dans l'œil ; & toujours d'autant moins qu'ils fe prolongent à une plus grande dif- tance : comment donc y formeroient-ils cette image entière ?

Ce n'eſt pas tout : *meſurez au priſme, convena- blement incliné, la longueur de l'image ; vous trou- verez qu'elle s'étend ſur toute la hauteur de la pre- mière face de l'angle réfringent. Au moyen d'une carte interpoſée, rien de plus aiſé que d'intercepter ſé- parément à cette face les rayons de chacune des teintes du ſpectre : la lumière ſolaire tombe donc toute décompoſée ſur le priſme. Non ſeulement cela : mais les rayons hétérogènes y tombent très-divergens, & ils en ſortent très-convergens, puiſqu'ils concou- rent au centre de la prunelle.* Phénomènes triple- ment oppoſés à l'hypothèſe de la différente ré- frangibilité ; car dans cette hypothèſe la lumière ſolaire n'eſt pas décompoſée avant ſon incidence ſur le priſme, & les rayons hétérogènes y tom- bent parallèles, & en ſortent très-divergens.

Exp. 21.

J'ai obſervé au commencement de l'article, que la QUATRIÈME EXPÉRIENCE rentre dans la TROISIÈME quant au fonds ; & cela eſt évident, puiſqu'elles offrent l'une & l'autre un phénomène commun : elle ne prouve donc rien en faveur de la différente réfrangibilité prétendue des rayons hétérogènes, ou plutôt elle la dément.

Il me feroit facile, Meffieurs, d'en donner de nouvelles preuves, fi celles que je viens de déduire n'étoient plus que fuffifantes pour faire voir à quel point cette expérience eft illufoire (1).

V. EXPÉRIENCE.

Après avoir effayé de prouver par les deux dernières qu'à incidences égales les rayons, qui forment l'image colorée, fe réfractent inégalement; il démontre dans celle-ci (2) que cette inégalité de réfraction ne vient pas de ce que chaque rayon feroit fendu & divifé en plufieurs, comme le fuppofoit Grimaldi. Je me difpenferois d'entrer dans l'examen de fa démonftration, qui porte fur un point que je ne difputerai certainement pas, n'étoit qu'on y trouve quelques erreurs qu'il eft bon de relever.

––––––––––––––––––––––––

(1) Dans cette expérience, c'eft toujours l'impoffibilité d'expliquer l'excès de longueur de l'image colorée, qui le porta à inférer que les rayons hétérogènes font différemment réfrangibles. Mais ce phénomène, qui embarraffoit fi fort notre illuftre Auteur, s'explique de lui-même par la différente obliquité des rayons hétérogènes qui tombent fur le prifme, après s'être différemment déviés à la circonférence de l'objet lumineux ou à celle du trou qui leur donne paffage.

(2) Nouvelle Traduction, vol. I, pag. 32-41.

    « Si

(65)

« Si dans la TROISIÈME EXPÉRIENCE , (dit
» Newton) l'image du foleil réfractée par un
» prifme avoit pris une forme oblongue en vertu
» de la dilatation de chaque rayon ou de quelque
» caufe accidentelle ; cette image , de nouveau
» réfractée latéralement par un fecond prifme,
» placé après le premier de manière que leurs
» axes fe coupent à angles droits, devroit
» s'étendre en largeur dans la même proportion.
» Cependant la largeur de l'image n'augmente
» point ; mais les rayons de la partie violette
» paroiffent fouffrir dans ces deux prifmes de
» plus grandes réfractions que les rayons de la
» partie rouge.

» Ayant mis un troifième prifme après le fe-
» cond, & un quatrième après le troifième, pour
» que les rayons de l'image puffent être réfractés
» plufieurs fois latéralement, les mêmes réful-
» tats eurent lieu. Ainfi , après avoir fuppofé
» qu'à incidences égales les rayons hétérogènes
» qui éprouvent une plus ou moins grande ré-
» fraction dans un prifme, éprouvent une ré-
» fraction proportionnelle dans tous les autres ,
» il infère que c'eft à jufte titre que ces rayons
» conftans à être plus réfractés que les autres ,
» font réputés plus réfrangibles » (1).

Fig. 11.

____

(1) Nouvelle Traduction , pag. 32-41.

E

Obfervez , Meffieurs , que Newton fuppofe les rayons folaires parallèles , & les rayons hétérogènes également inclinés aux furfaces réfringentes : hypothèfes dont nous avons démontré la fauffeté par des preuves invincibles; le moyen que les conféquences qu'il en tire foient juftes. Mais fi ces rayons paroiffent plus ou moins réfractés , ce n'eft pas qu'ils foient plus ou moins réfrangibles , c'eft qu'ils font plus ou moins déviés à la circonférence du trou qui leur donne paffage ; ils tombent donc avec des directions différentes fur le premier prifme , conféquemment fur tous les autres. Principe inconteftable , auquel nous aurons fouvent occafion de revenir.

L'Auteur fuppofe toujours le fpeCtre produit par une fuite innombrable d'images folaires , rondes & de différentes couleurs , placées à la file , ou plutôt fuperpofées fuivant l'ordre de la réfrangibilité de leurs rayons refpeCtifs. Mais on a vu plus haut ce qu'il faut en penfer.

Le fpeCtre réfraCté latéralement par un fecond prifme , prend une fituation oblique. Si vous demandez pourquoi cela ; on vous répondra, « parce » que le difque violet (1) A G eft tranfporté en » *a g* par une plus grande réfraCtion , le difque

Fig. 12.

____

(1) Difque ou image folaire.

» vert B H en *b h* par une plus petite réfrac-
» tion, & le difque rouge C I en *c i* par une ré-
» fraction plus petite encore ».

Je ne rappellerai pas ici que les rayons de ces prétendus difques, tombant fur le fecond prifme avec des directions différentes, doivent néceffairement en émerger fous différentes directions. Comme par la nature du Programme de l'Académie, il s'agit moins de déterminer les vraies caufes des phénomènes, que de pefer celles que notre Auteur leur affigne ; je me bornerai à quelques obfervations nouvelles, très-propres à mettre en évidence la fauffeté de l'explication qu'il donne de celui qui nous occupe : car dans fon hypothèfe, que la première image perpendiculaire devienne oblique, en fe réfractant par un fecond prifme interpofé après le premier ou appliqué contre l'œil, la caufe du phénomène eft identique. Or, ce qui eût fans doute bien étonné Newton, & ce qui étonnera bien davantage fes partifans ; c'eft que l'IMAGE RÉFRACTÉE LATÉRALEMENT PAR LE SECOND PRISME AP-PLIQUÉ CONTRE L'ŒIL NE FORME PAS UNE DROITE, MAIS UNE COURBE. Cela s'obferve toujours mieux de près que de loin, fur-tout fi on la regarde obliquement (1) ; & toujours d'autant

______

(1) C'eft-à-dire, en approchant l'œil de la bafe de

mieux qu'elle eft plus longue , ou qu'elle le paroît par l'inclinaifon du plan qui la réfléchit. Sa courbure devient même fort confidérable (1) , quand on réuffit à rendre fa longueur de fept à huit pieds. Au refte ce qui ne peut être fait commodément par une feule image, peut l'être par plufieurs. *Lors donc , qu'après avoir projeté fix fpectres bout à bout fur un plan perpendiculaire à une ligne horifontale qui fépareroit les trois fupérieurs des trois inférieurs ; fi à 5 pieds de diftance , on les regarde à travers un prifme parallèle au plan, de manière que cette horifontale devienne axe vifuel; on verra ces fpectres décrire un arc de cercle, toujours d'autant plus confidérable que l'angle réfringent fera plus ouvert (2). Cet arc eft divifé en deux fegmens égaux par l'axe vifuel : or dans le*

Exp. 22.

Fig. 13.

---

l'angle réfringent , & en regardant l'objet à travers les parties près le fommet.

(1) Elle ne laiffe pas d'être frappante , en regardant le fpectre projeté fur un plan vertical peu éloigné, de manière que cette image paroiffe longue de 24 à 30 pouces ; fi le plan eft affez oblique pour qu'elle ait 6 à 7 pieds , elle paroîtra former un demi-cercle. Mais dans les deux cas , il importe que l'axe vifuel correfponde au milieu de l'image.

(2) Lorfque les fpectres ne font pas exactement bout à bout , l'arc de cercle qu'ils paroiffent former n'eft ni régulier , ni continu.

fyftême de l'Auteur, les rayons aux extrémités de l'arc font les plus réfractés, conféquemment les plus réfrangibles ; tandis que les autres font toujours d'autant moins réfractés qu'ils s'en éloignent davantage, c'eft à-dire, qu'ils s'approchent de cet axe. Ainfi les violets du premier des fpectres fupérieurs & les rouges du dernier des fpectres inférieurs feroient les plus réfrangibles de tous : mais les uns & les autres le feroient au même point ; car leurs teintes, ou, fi l'on veut, leurs prétendus difques refpectifs fe trouvent chacun à égale diftance de l'axe vifuel. Propofitions contradictoires qui fe détruifent réciproquement.

Ce qui a lieu pour les deux fpectres aux extrémités de l'arc, a lieu pareillement pour les fpectres intermédiaires : dans chacun les rayons correfpondans qui font réputés fouffrir à l'un des fegmens les plus grandes réfractions, doivent donc être réputés fouffrir à l'autre fegment les réfractions les plus petites. Nouvelles propofitions contradictoires qui fe détruifent réciproquement. Convenez donc, trop zélés partifans du fyftême Newtonien, que les rayons hétérogènes font tous également réfrangibles, ou répondez à ce dilemme.

Mais ils ont bien d'autres contradictions à dévorer. Obfervez, Meffieurs, qu'à raifon de la diftance refpective des rayons à l'axe vifuel, ceux du fpectre qui fe trouve au milieu de chaque fegment feroient à la fois plus réfrangibles & moins réfrangibles que les rayons correfpondans des fpectres contigus de part & d'autre. Ainfi les violets feroient en même temps les plus réfrangibles & les moins réfrangibles de tous. J'en dis autant des rouges. Tandis que les rayons hétérogènes de chaque fegment feroient tour-à-tour plus réfrangibles & moins réfrangibles les uns que les autres ; les homogènes correfpondans de chaque fegment feroient donc auffi à la fois plus réfrangibles & moins réfrangibles les uns que les autres, c'eft-à-dire plus réfrangibles & moins réfrangibles qu'eux-mêmes.

A quelles conféquences conduit ce fyftême ! Il a dû féduire des Phyficiens peu faits pour l'approfondir, je le fens : mais pourroit-il encore en impofer à des obfervateurs judicieux ? Quoi qu'il en foit, j'ai trop haute idée du grand Homme dont je réfute ici quelques opinions, pour croire qu'il ne les eût pas abandonnées lui-même, à la vue des premiers réfultats contradictoires de fes expériences variées, fans qu'il eût été befoin de les cumuler fous fes yeux.

Au refte, lorfqu'on regarde les fpectres à certaine diftance, l'arc de cercle qu'ils paroif-

fent former n'eft ni continu ni régulier : mais
de près ou de loin, leurs bandes colorées ceffent d'être parallèles & horifontales pour devenir obliques entr'elles & à l'horifon : ce   Fig. 13.
qui n'a pas moins lieu, lorfqu'un feul fpectre
eft réfracté latéralement par un fecond prifme.

Je pourrois fans doute me difpenfer à préfent
de paffer à l'examen des autres expériences ca-
pitales fur lefquelles porte le fyftême de la
différente réfrangibilité : j'y jeterai néanmoins un
coup d'œil, par égard pour fon fublime Auteur.

VI. EXPÉRIENCE.

Elle confifte à faire paffer à travers un prifme   Fig. 14.
un gros faifceau de rayons folaires de manière
à former le fpectre ; à élever verticalement proche
du prifme une planche percée d'un trou de 4 lignes
en diamètre, deftiné à tranfmettre partie de
la lumière réfractée ; à élever à douze pieds de
diftance une feconde planche percée d'un pareil trou, afin de ne laiffer paffer qu'une partie de la lumière tranfmife par la première ;
& à fixer un autre prifme derrière ce trou
pour réfracter les rayons tranfmis. Tout étant
difpofé de la forte, Newton revint promptement au premier prifme, & le tournant de part
& d'autre fur fon axe, il fit fucceffivement paf-

fer par le fecond les rayons de chaque couleur du fpectre ; alors il marqua fur le mur oppofé les endroits où les rayons tomboient, & il trouva conftamment que les bleus qui avoient fouffert la plus grande réfraction dans le premier prifme, fouffroient auffi la plus grande réfraction dans le fecond ; ainfi des autres efpèces. Or il obferve que les planches & le fecond prifme *étant immobiles, l'incidence des rayons hétérogènes fur le dernier prifme devoit être la même dans tous ces cas.* D'où il conclut que ces rayons, « qui à incidences » égales font conftans à être le plus réfractés, » peuvent à jufte titre être réputés les plus réfrangibles ». (1)

Cette démonftration porte fur une hypothèfe évidemment fauffe ; car Newton attribue aux rayons hétérogènes une incidence commune fur chaque prifme, fans jamais tenir compte de leur déviation à la circonférence du trou deftiné à les introduire dans la chambre obfcure : erreur capitale que nous ne ceflerons de relever, puifqu'elle revient dans tous fes raifonnemens.

Mais arrêtons-nous ici à examiner comment

____

(1) Nouvelle Traduction, pag. 41-42.

il prouve la prétendue égalité de l'angle d'incidence des rayons hétérogènes fur le fecond
prifme. D'abord il fuppofe les rayons folaires parallèles entr'eux à leur entrée dans la chambre obfcure, & les rayons hétérogènes encore unis avant
de tomber fur le premier prifme : ce qui n'eft pas
très-certainement. Puis il raifonne ainfi : des rayons
parallèles, plus ou moins réfractés les uns que les
autres par un prifme, deviennent divergens. Divergeant du même point, puifqu'ils font fuppofés
tous réunis dans chaque rayon immédiat du
foleil, ils fe prolongent en lignes droites : leurs
directions feront donc les mêmes, fi on fait
en forte qu'ils aient deux points communs pris
à volonté fur leur longueur. Pour y parvenir,
que fait Newton ? il fait paffer les rayons, à
leur émergence du premier prifme, par deux
trous de quatre lignes chacun. —— Groffier mé-
chanifme, dont une image groffière elle-même
fera néanmoins fentir le peu de jufteffe ; car le
diamètre de ces trous eft à celui des globules
de lumière tout au moins ce que le diamètre
d'une ouverture de fix pieds feroit à celui
d'un fil très-fin ; or que diroit-on de l'expédient d'aligner deux pareilles ouvertures,
pour démontrer que de longs bouts de fil paf-
fés au travers en divers fens, auroient tous
la même direction ? Je conçois, Meffieurs, que

la plupart des partifans du syftême de la différente réfrangibilité ont pu fe contenter d'une
pareille démonftration : mais comment l'Auteur,
ce Géomètre profond, a-t-il pu lui-même s'en
contenter ? Son expérience ne démontre donc
pas que les rayons hétérogènes auxquels les
trous des planches donnent paffage, tombent tous
fur le fecond prifme avec des directions communes : même en fuppofant qu'au fortir du premier ils émergent de points communs. Que fe-
ra-ce, s'il eft démontré que ceux qui forment les
extrémités du fpectre, ont des points d'émergence
oppofés ! C'eft pourtant ce qu'il n'eft plus permis de révoquer en doute : puifque dans cette
expérience, la lumière fe dévie & fe décompofe
conftamment à la circonférence du trou fait au
volet pour lui donner paffage ; fans parler des
rayons déviés & décompofés aux bords oppofés
du difque folaire.

Il femble que par une fatalité inconcevable,
Newton ait toujours choifi les circonftances les
plus propres à perpétuer les réfultats illufoires
de fa troifième Expérience ; comme s'il eut voulu
ôter aux autres & s'ôter à lui-même tout moyen
d'en appercevoir les défauts. Au lieu d'introduire
dans la chambre obfcure le faifceau de rayons
folaires par une ouverture de quatre lignes, fui-

vant fa coutume , il le fait paffer par un trou
beaucoup plus large : ce qui rend plus confidérable l'écartement refpectif des rayons hétérogènes tranfmis par les deux trous des planches
interpofées.

Enfin imaginera-t-on qu'après avoir fait choix
d'un pareil moyen pour donner aux rayons
une direction commune , moyen dont il auroit
dû fe défier plus que perfonne , *il n'ait pas
même cherché à s'affurer du degré de confiance
qu'il mérite , en marquant fur le mur les endroits
où tomboient ces rayons avant que le fecond prifme
fût interpofé :* ce qui eût fuffi pour lui dévoiler
le faux de fon hypothèfe : car *l'endroit où tombent les violets eft affez diftant de celui où tombent
les jaunes , & plus encore de celui où tombent les
rouges.*

Exp. 23.

Ce qui paroît toujours d'autant mieux , que
les ouvertures qui leur donnent paffage font
plus petites , & qu'ils font projetés plus loin :
or fi leur angle d'incidence fur le fecond prifme
n'eft pas le même , il eft tout fimple que leur
angle de réfraction foit différent. Ici leur différente réfraction ne prouve donc rien en faveur
de la différente réfrangibilité des rayons hétérogènes ; difons mieux , elle l'infirme.

VII. EXPÉRIENCE.

Fig. 15.

« Elle se fait en perçant au volet de croisée
» deux trous proches l'un de l'autre, & en
» plaçant un prisme devant chacun, pour for-
» mer deux spectres sur le mur au fond de la
» chambre. A petite distance du mur, on fixe une
» bande de papier longue, étroite, à bords droits
» & parallèles ; ensuite on dispose l'appareil de
» façon que la lumière rouge de l'un des spectres,
» & la lumière violette de l'autre spectre tombent
» chacune sur une moitié de la bande, & fassent
» paroître le papier rouge & violet, à-peu-
» près comme celui des deux premières expé-
» riences. Puis on étend un drap noir derrière
» ce papier, afin que les résultats de l'expé-
» rience ne soient pas troublés par quelque
» lumière réfléchie de dessus le mur. Tout étant
» disposé de la sorte, Newton regarda la bande
» de papier à travers un prisme tenu parallèle-
» ment à la longueur de cette bande ; & la
» moitié qu'éclairoit la lumière violette lui pa-
» rut séparée par une plus grande réfraction,
» de la moitié qu'éclairoit la lumière rouge,
» sur-tout lorsqu'il se tenoit à certaine distance:
» car lorsqu'il regardoit de trop près, les deux
» moitiés du papier ne paroissoient plus totale-

» ment féparées, mais contiguës par un de leurs
» angles, comme le papier de la PREMIÈRE
» EXPÉRIENCE. La même chofe arrivoit, quand
» il fe fervoit d'une bande trop large ». (1)

Puifque les rayons hétérogènes font tous également réfrangibles, comme cela eft bien démontré ; la féparation des deux images ne peut
provenir que de l'inégale réfraction de ceux qui
les forment, toujours déterminée par leur inégale incidence, dont Newton ne tient jamais
compte. Or quand les deux prifmes font placés dans le même fens (& on doit les fuppofer difpofés de cette manière dans l'expérience de
l'Auteur) quelle que foit la pofition de la bande
de papier, il eft inconteftable que les rayons
violets de l'un des fpectres ne tombent pas fur
la bande avec la même direction que les rayons
rouges de l'autre fpectre, comme je l'ai démontré plus haut ; ils ne fauroient donc avoir non
plus la même direction (2) à leur incidence fur

---

(1) Nouvelle Traduction, pag. 42-47.

(2) Les corps raboteux difperfent un beaucoup plus
grand nombre de rayons que les corps polis : mais ils
réfléchiffent la lumière tout auffi régulièrement que les
miroirs les plus parfaits : car quelle que foit la difpofition
des parties de leurs furfaces, l'angle de réflexion eft

le troifième prifme : ainfi plus ou moins réfractés par celui-ci, les images qu'ils forment doivent
néceffairement fe féparer, c'eft-à-dire occuper
au fond de l'œil des efpaces différens.

Ce que je dis des images de la bande, je le
dis des images de chaque objet qu'on lui fubftitue dans les variations de l'expérience. Telles font
les conféquences des lois les plus fimples de la
Catoptrique & de la Dioptrique. Cette expérience
prouve donc tout auffi peu que LA IIIᵉ, en faveur
de la différente réfrangibilité.

VIII. EXPÉRIENCE.

« En Eté, faifon où la lumière du foleil a
» le plus d'énergie, Newton reçut un faifceau
» de rayons fur un prifme dont l'axe étoit pa-
» rallèle à celui de la Terre, & à l'endroit du
» mur où tomboit le fpectre, il fixa un livre
» ouvert ; enfuite à fix pieds deux pouces de
» diftance de ce livre, il difpofa verticalement

---

néceffairement égal à l'angle d'incidence. Ainfi de quelque point qu'on apperçoive ces corps, ils ne font vus
qu'au moyen des rayons que réfléchiffent les parties de
leurs furfaces, qui fe trouvent rangées dans le même
plan où fe trouveroient celles des corps du plus beau
poli.

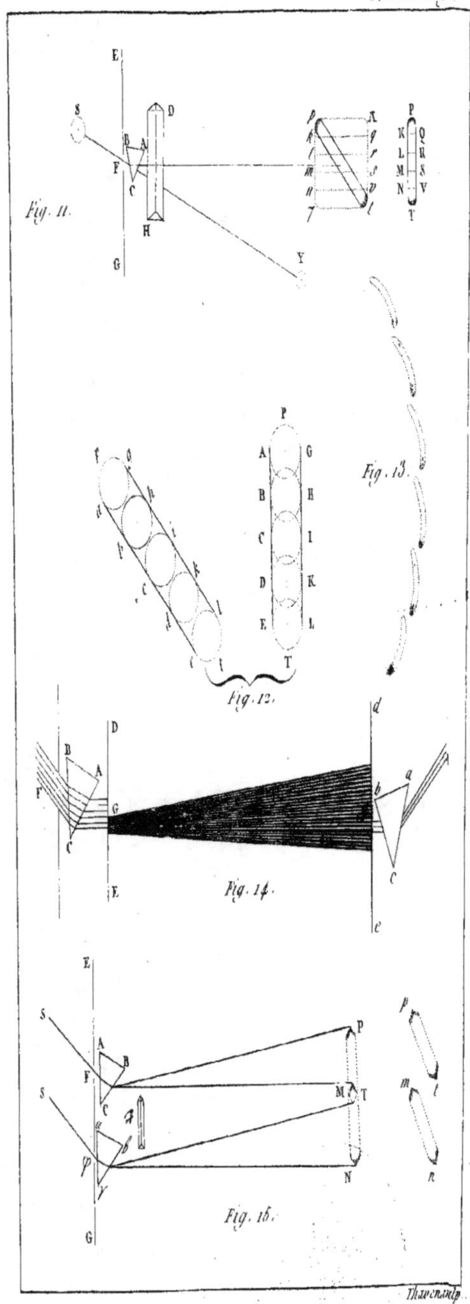
Fig. 11.
Fig. 12.
Fig. 13.
Fig. 14.
Fig. 16.
Thivenard

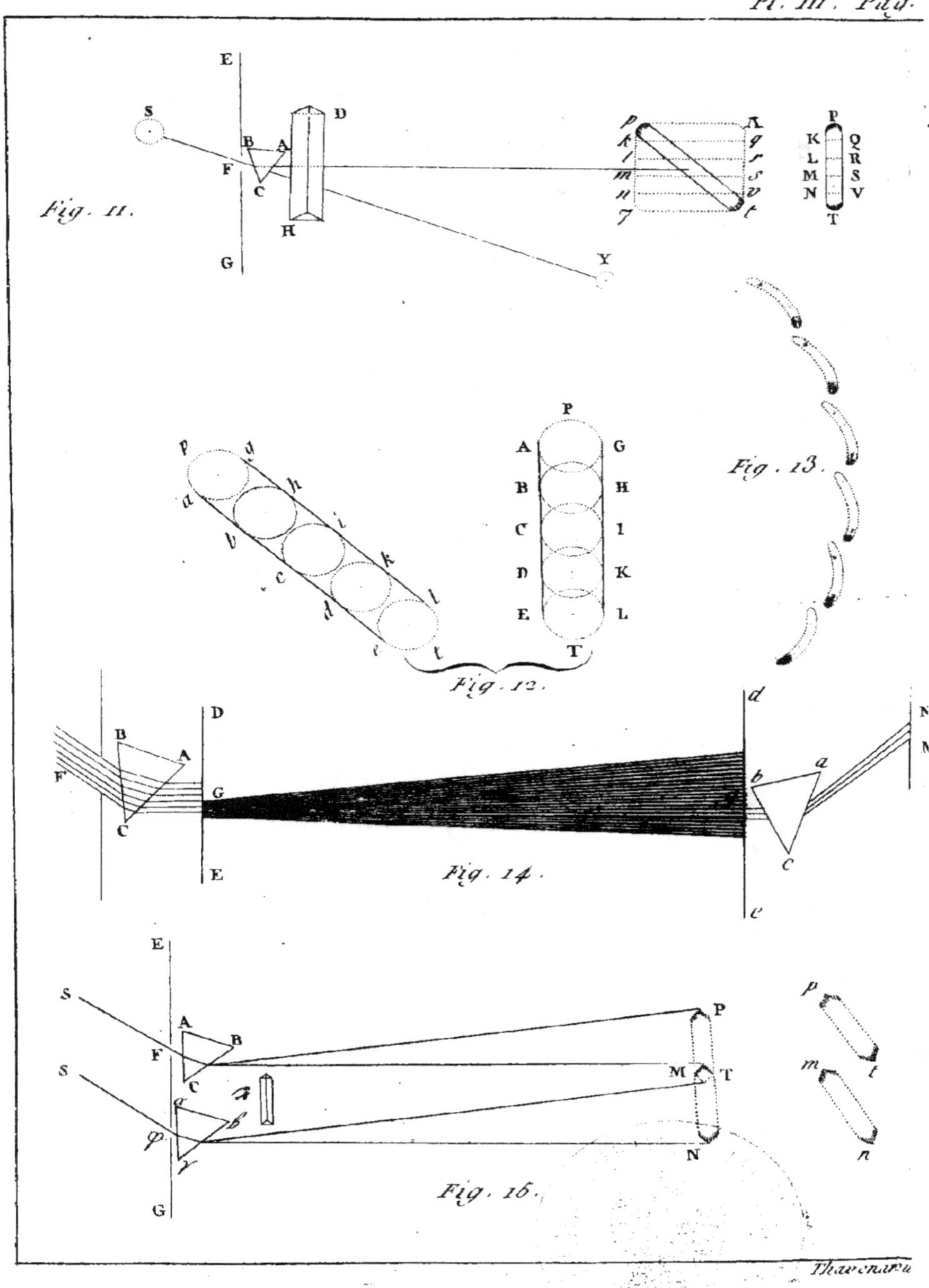

Fig. 11.
Fig. 12.
Fig. 13.
Fig. 14.
Fig. 16.
Thevenard

>> un objectif de six pieds deux pouces de foyer,
>> de façon à projeter fur un papier blanc pa-
>> rallèle les rayons réfractés, pour y peindre
>> l'image des caractères illuminés de cette ma-
>> nière. Puis ayant fixé l'objectif, il marqua
>> l'endroit où étoit le papier, lorfque les ca-
>> ractères du livre illuminés par le rouge le plus
>> vif étoient peints avec le plus de netteté.
>> Après cela il attendit que par le mouvement
>> du Soleil, toutes les couleurs du fpectre,
>> depuis le rouge jufqu'au milieu du bleu, tom-
>> baffent fur ces caractères. Lorqu'ils furent
>> illuminés par le bleu, il trouva que l'endroit
>> où ils étoient peints avec le plus de netteté,
>> étoit de 30 à 33 lignes plus proche de l'ob-
>> jectif que le premier : d'où il conclut que les
>> rayons bleus du fpectre font plutôt raffem-
>> blés par la réfraction que les rayons rouges.
>> Au refte, Newton recommande d'avoir foin
>> d'obfcurcir la chambre le mieux poffible ;
>> parce que fi les couleurs venoient à être af-
>> foiblies par le mélange de quelque lumière
>> étrangère, la diftance entre les foyers des
>> rouges & des bleus ne feroit pas fi confidé-
>> rable. Il ajoute que dans la IIe EXPÉRIENCE,
>> où il avoit employé des couleurs de corps na-
>> turels, cette diftance n'étoit que de 18 lignes,
>> à caufe de l'imperfection de ces couleurs ;

>> mais que dans celle-ci , où il avoit employé
>> les couleurs du spectre qui sont manifeste-
>> ment plus foncées, la distance étoit de 33 lignes,
>> Puis il assure qu'il ne doute nullement que
>> cette distance ne fût beaucoup plus grande
>> encore, si les couleurs étoient beaucoup plus
>> fortes ; enfin il observe que l'interposition des
>> disques solaires, les reflets de la lumière du
>> ciel, & les rayons dispersés par les inégalités
>> de la surface du prisme, altéroient si fort les
>> couleurs du spectre, que les images des ca-
>> ractères illuminés d'indigo & de violet (cou-
>> leurs foibles & obscures) projetées sur le
>> papier, n'étoient pas distinctes >>. (1)

En s'efforçant d'établir la doctrine de la différente réfrangibilité, Newton rencontroit par-
tout des phénomènes qui auroient dû lui en
faire reconnoître le faux : mais il n'étoit occupé qu'à les plier à son systême ; & pour y parvenir, il fut souvent réduit à hasarder des assertions sans fondement, disons même des assertions opposées à ses propres principes. L'expérience qui fait le sujet de cet article, en fournit
plus d'une preuve.

____

(1) Nouvelle Traduction, pag. 47-49.

Il eſt ſimple que la différence focale des rayons
de teintes intenſes ſoit plus conſidérable que
celle des rayons reſpectifs de teintes légères ;
puiſque l'intenſité des nuances de chaque couleur du ſpectre augmente du milieu aux extrémités : mais cette gradation même eſt une inconſéquence du ſyſtême Newtonien , comme je
l'ai obſervé plus haut. Et combien d'autres inconſéquences plus étranges encore ?

Sans doute il importe que les rayons homogènes
deſtinés à éclairer l'objet dont on veut former
l'image, ne ſoient pas altérés par les reflets d'une
lumière étrangère : des reflets de lumière blanche
affoibliſſent toujours la teinte de ces rayons, &
des reflets de lumière hétérogène l'alterent toujours. On conçoit donc comment les premiers
peuvent diminuer ou même détruire la netteté
des images de cet objet, que les différens rayons
du ſpectre doivent illuminer tour-à-tour ; mais
on ne conçoit pas comment ils peuvent changer la diſtance focale des rayons homogènes,
dont on cherche à déterminer les degrés relatifs
de réfrangibilité. Car dans le ſyſtême de l'Auteur,
la lumière blanche ſe décompoſe conſtamment
en ſe réfractant aux ſurfaces de l'objectif ; puiſque
chaque eſpèce des rayons qui la compoſent a un
foyer particulier. Comme les plus réfrangibles divergent déjà, que les moins réfrangibles conver-

gent encore , ils reſtent mêlés , & n'offrent aucune décompoſition qu'aux bords du champ. Ainſi l'image d'un objet éclairé par des rayons homogènes s'apperçoit ſur ce fond blanc ; & toujours elle paroît diſtincte , lorſque ces rayons ſont en certaine quantité. Puis donc que leur réfrangibilité n'eſt point changée par des reflets de lumière blanche , leur foyer doit néceſſairement reſter le même. A l'égard des reflets de lumière hétérogène , quoiqu'ils ne puiſſent pas changer la réfrangibilité des rayons homogènes qui éclairent l'objet , ils ſe mêlent & ſe confondent avec les rayons qui doivent en tracer l'image. Inégalement réfrangibles , la réfraction doit les raſſembler plus ou moins ſur chaque point du plan où on les projette , c'eſt-à-dire , dans chaque point de l'image qu'ils concourent à former : l'image ne pourroit donc jamais être diſtincte. De-là il ſuit évidemment que ſi les rayons hétérogènes étoient différemment réfrangibles , il auroit été impoſſible à Newton de trouver un point où l'image des caractères imprimés eût été diſtincte; car il eſt hors de doute que les rayons hétérogènes ſont mêlés dans le ſpectre , & qu'aucune de ſes teintes n'eſt pure.

Paſſons à des obſervations particulières (1).

____

(1) On n'a pas oublié que celles qui précèdent ſont communes à la IIe EXPÉRIENCE.

L'expérience dont l'examen fixe notre attention, eſt du nombre de celles que la difficulté de
l'appareil, ou plutôt le concours de quelques circonſtances inutiles au ſuccès, a preſque toujours
rendues impraticables. Je dis inutiles, car quelle
néceſſité que l'axe du priſme ſoit parallèle à l'axe
de la Terre, ſi ce n'eſt afin que les rayons du
ſpeſtre paſſent ſpontanément tour-à-tour ſur
l'objet qu'ils ſont deſtinés à éclairer? Mais quoique ces axes ne ſoient pas parallèles, ſi l'objet
a certaine étendue, il n'en ſera pas moins ſucceſſivement illuminé par ces rayons.

De pareilles circonſtances ne ſont pas ſimple-
ment inutiles, mais nuiſibles au ſuccès : parce
qu'il importe d'embraſſer & de comparer, du
même coup d'œil, les différentes images de
l'objet illuminé à la fois par les rayons hétérogènes, du moins quand on veut juger de leur
netteté, & déterminer les foyers avec exaſti-
tude. Ce qui ne ſauroit avoir lieu, lorſqu'on fait
tomber tour-à-tour les rayons hétérogènes ſur
l'objet; puiſque les changemens qui ſurviennent
preſque toujours à la diſpoſition de l'organe,
pendant une expérience de longue haleine, font
varier les points de la viſion diſtinſte. Rien de ſi
facile à conſtater au moyen d'un réfraſtomètre;
car les points où une image paroît ſucceſſivement
avoir toute ſa netteté, ne ſont preſque jamais les

mêmes. Pour fe garantir de l'illufion de ces divers réfultats, il eft donc indifpenfable, (je le
répete) d'avoir à la fois fous les yeux toutes
les images de l'objet formées par les différens
rayons hétérogènes. Or, dans le cas dont il s'agit,
il ne refte d'autre moyen que de raccourcir très-
fort le fpectre, & de le projeter fur les caractères du livre ; avantage qui en procurera un
autre, celui d'augmenter l'intenfité des couleurs : mais comme l'angle de réfraction des
rayons hétérogènes doit varier avec leur angle
d'incidence, il eft indifpenfable de leur donner
préalablement à tous la même direction, en les
rendant parallèles à l'aide d'une lentille convexe de foyer convenable.

Venons maintenant aux réfultats de notre expérience, faite avec toutes les précautions néceffaires, & dans une journée d'Eté où le ciel
étoit très-pur.

Exp. 24.   Ayant introduit dans une longue chambre
obfcure un faifceau de rayons folaires de fix
lignes en diamètre, à travers un tuyau deftiné
à intercepter tout reflet ; je le fis paffer par un
prifme de verre blanc fans défauts, & je pro-
jetai le fpectre très-raccourci fur un grand carton blanc imprimé en caractères moyens & fuf-
pendu contre la paroi ; enfuite je difpofai ver-

ticalement fur la même horifontale & à 15 pieds
de diftance un objectif de verre blanc très-
pur , de 3 pouces de diamètre & de 12 pieds de
foyer ; puis fur un plan vertical mobile je reçus
les rayons réfléchis par le carton & réfractés par
l'objectif : or les images des caractères paroiffoient également diftinctes au même point ;
mais à quelques lignes au-deçà ou au-delà de ce
point , elles étoient toutes également confufes.
Les réfultats de l'expérience de l'Auteur font
donc évidemment faux.

Examinons celle qui fuit.

IX. EXPÉRIENCE.

“ Après avoir tranfmis par un prifme A B C   Fig. 16.
» (dont les angles à la bafe étoient chacun de
» 45°) le faifceau folaire F M , de manière (dit
» Newton) qu'il tombât perpendiculairement
» fur le côté A C , & qu'il fortît perpendicu-
» lairement du côté A B ; je tournai lentement
» ce prifme fur fon axe, fuivant l'ordre des lettres
» A B C , jufqu'à ce que les rayons qui avoient
» été réfractés par l'angle C commençaffent à
» être réfléchis à la bafe , d'où jufqu'alors ils
» avoient émergé ; & j'obfervai que les rayons

F 3

>> M H qui étoient les plus réfractés, étoient les
>> premiers à se réfléchir >>. Ce qui le porta à
conjecturer que les rayons les plus réfrangibles
se trouvent d'abord dans le faisceau réfléchi en
plus grand nombre que les autres, qui, à leur tour,
s'y trouvent ensuite en aussi grand nombre (1).

Pour vérifier sa conjecture, « il transmit par un
second prisme V X Y les rayons du faisceau réfléchi M N, & il les fit tomber à quelque distance sur une feuille de papier blanc $p\,t$, où ils
firent paroître les couleurs ordinaires du spectre.
Puis tournant le premier prisme sur son axe
suivant l'ordre des lettres A B C, il observa que
les violets & les bleus M H, qui avoient souffert la plus grande réfraction, sortoient toujours
plus obliquement. Bientôt ils commencèrent à
être réfléchis : dès qu'ils le furent tous, les teintes
violette & bleue, apparentes sur le papier &
provenant des rayons N p les plus réfractés par le
second prisme, reçurent un accroissement sen-
sible d'intensité, & dominèrent sur la jaune &
la rouge provenant des rayons N t qui étoient
moins réfractés. Après quoi lorsque les autres
rayons, savoir les verts, les jaunes & les rouges
M G, commencèrent à être totalement réfléchis
par le premier prisme, leurs couleurs apparentes

______

(1) Nouvelle Traduction, vol. 1, pag. 49-52.

fur le papier reçurent un auffi grand accroiffe-
ment que la violette & la bleue. Ainfi le faifceau M N des rayons réfléchis de deffus la
bafe du prifme, étant d'abord augmenté par
les plus réfrangibles & enfuite par les moins réfrangibles, doit être compofé de rayons de différente réfrangibilité. « Or (pourfuit Newton)
« que la lumière réfléchie foit de même nature
» que la lumière directe du foleil, c'eft ce que
» perfonne n'a jamais révoqué en doute : tout
» le monde tombant d'accord qu'une pareille
» réflexion n'en altère aucunement ni les mo-
» difications ni les propriétés ». Enfin il remarque qu'il ne fait point entrer en confidéra-
tion le paffage de la lumière à travers les furfaces
du prifme ; parce qu'elle entre perpendiculairement à la première, & fort perpendiculairement
à la feconde : d'où il conclut que la lumière
incidente étant de même nature que la lumière
émergente, doit être pareillement compofée de
rayons différemment réfrangibles.

A quoi bon, Meffieurs, cette longue expérience? —— A étayer une affertion que l'Auteur
croyoit avoir déjà établie fur des preuves directes. Mais fi cette expérience bien prife ne
vient point à l'appui de fon fyftême, elle nous

fournit une occafion de plus d'en démontrer le faux. Eh! qui ne voit que Newton variant à fon gré la direction refpective des rayons immédiats du foleil à leur incidence fur le prifme, leur prête dans tous les cas celle qui convient le mieux à fes vues, quoiqu'elle foit conftamment la même dans la Nature. Obfervez que dans fa IIIe EXPÉRIENCE, il fuppofe ces rayons divergens; dans fes EXPÉRIENCES V^e, VIe & VIIe, il les fuppofe parallèles; il les fuppofe parallèles encore dans la IXe (1): un coup d'œil jeté fur les Fig. 13, 14, 16, 17, 18, 20 & 21 du LIVRE PREMIER de fon OPTIQUE, fuffit pour s'en convaincre. Mais s'ils tombent toujours divergens fur le prifme, ainfi qu'on ne peut en douter, comment notre profond Géomètre les fuppofe-t-il perpendiculaires aux furfaces réfringentes?

Qu'il me foit permis de relever en paffant l'abus que l'on fait chaque jour des Mathématiques. Lorfqu'on attaque le fyftéme Newtonien fur les couleurs, on fe contente de ré-

---

(1) Ce qu'il y a de plus curieux, c'eft qu'en commençant la defcription de la NEUVIÈME EXPÉRIENCE; il renvoie à la IIIe pour déterminer la manière dont les rayons doivent tomber fur le prifme : admettant ainfi à la fois, fans s'en être apperçu, deux directions abfolument différentes.

pondre qu'il eſt démontré géométriquement. Quoi ! parce que l'Auteur aura tracé des figures ſur du papier, pour rendre plus ſenſible ce qu'il ſuppoſoit ſans fondement, on appellera *démonſtrations géométriques* cet aſſemblage de lignes, dont aucune n'eſt même propre à donner quelque idée des directions réelles des rayons ſolaires ; & on oppoſera ces hypothèſes gratuites, fauſſes, contradictoires, mais *figurées*, à des obſervations conſtantes, à des faits tranchans & déciſifs ! Je m'arrête, Newton a frayé la route dans cette belle partie de l'Optique, & la reconnoiſſance due à ſes efforts ſuſpend mes réflexions ſur la méthode de raiſonner de ſes Diſciples. Me voici ramené malgré moi aux inconſéquences du Maître ; mes obſervations toutefois n'auront pour but que les progrès de la ſcience.

Newton s'attache à prouver que la lumière du faiſceau M N réfléchi de deſſus la baſe du priſme, ne ſubit aucune altération par cette réflexion ; & cela eſt vrai. Il s'attache auſſi à prouver qu'elle ne ſubit aucune réfraction aux ſurfaces du priſme ; & cela eſt faux, puiſqu'elle n'y tombe & n'en ſort pas avec les directions qu'il prétend. Enfin il ſuppoſe aux rayons du faiſceau F M des directions communes, & il ne tient aucun compte de leur déviation & de leur décompofition aux bords du trou deftiné à les introduire dans la chambre obfcure.

Ce n'eft pas tout ; il femble qu'il ait épuifé les reffources de fon beau génie à imaginer des expériences délicates, qu'il a l'art d'amener par quelque circonftance à l'appui de fon fyftême, fans jamais s'embarraffer des circonftances qui l'infirment.

Il eft de fait que le champ du faifceau réfléchi M N eft acolore. Il eft de fait auffi qu'il refte acolore, quelle que foit l'inclinaifon de la bafe B C, & quelle que foit l'efpèce de rayons fouftraite du faifceau tranfmis M G H. Pourquoi cela ? — parce que les réfractions des rayons incidens & des rayons émergens fe compenfent avec exactitude, & que les hétérogènes réfléchis aux bords du trou continuent à tomber dans l'ombre, comme ils font quand il n'y a point de prifme interpofé. Mais fi la réflexion avoit fouftrait du faifceau F M les plus réfrangibles, il feroit de toute impoffibilité que le faifceau M N pût conferver fa blancheur ; puifque ces rayons y domineroient néceffairement ? Et qui ne fent qu'il devroit fans ceffe changer de couleur à mefure que la réflexion y ajouteroit quelque efpèce des rayons hétérogènes tranfmis ? Ce qui pourtant n'arrive jamais.

D'ailleurs, tant que la lumière du faifceau ré-

fléchi eſt réputée n'avoir ſubi aucune décompoſition, il ſuit des principes mêmes de l'Auteur, que
les couleurs du ſpectre formé par le ſecond priſme,
devroient être tout auſſi intenſes avant l'addition des rayons hétérogènes réfléchis, qu'elles
le paroiſſent après cette addition ; puiſqu'ici leur
intenſité n'eſt point en raiſon du nombre des
rayons, mais en raiſon de leur pureté. Je dis
mieux, loin que les teintes du ſpectre formé par
un grand faiſceau aient plus d'intenſité que celles
du ſpectre formé par un petit faiſceau, elles en
ont beaucoup moins.

De-là on peut conclure que les rayons qui
forment le premier ſpectre H G , ne ſe décompoſent pas en ſe réfractant ; & que ſi la réfraction
les a rendus viſibles , c'eſt parce qu'elle les a
ſéparés les uns des autres, à raiſon des différentes directions qu'ils avoient à leur incidence
ſur le côté A C , ou plutôt, parce qu'elle les a
jetés dans le champ de lumière.

Ne quittons point encore l'expérience qui fait
l'objet de notre examen. On y voit une partie
des rayons hétérogènes du faiſceau F M réfléchie, & une partie réfractée, à meſure que le
priſme tourne ſur ſon axe , ſuivant l'ordre des
lettres A B C : non qu'ils ſoient plus ou moins
réfrangibles, & plus ou moins réflexibles les

uns que les autres, comme on le veut ; mais ils ne tombent pas fur le prifme avec la même direction. Des rayons décompofés aux bords du trou, ceux qui font déviés en fens contraires doivent fe réfracter ou fe réfléchir fuivant l'obliquité de leur incidence aux furfaces du prifme. Or les violets & les bleus paroiffant les plus réfractés, à raifon de leurs directions à leur incidence fur le côté A C, paroiffent néceffairement les plus réfrangibles. Et comme ils fe trouvent de même les plus inclinés à la bafe du prifme, lorfqu'on le fait tourner fur fon axe fuivant l'ordre des lettres A B C, ils font néceffairement les premiers à fe réfléchir. Les plus réfrangibles en apparence doivent donc aufli paroître les plus réflexibles. Par la raifon contraire, les jaunes, les orangés & les rouges doivent paroître & les moins réfrangibles & les moins réflexibles.

Voilà, Meffieurs, la vraie caufe de ces phénomènes que Newton attribue fans fondement à la différente réflexibilité des rayons hétérogènes ; hypothèfe démentie par les faits les plus directs : car *quelle que foit la couleur des rayons incidens fur un miroir métallique, leurs angles de réflexion font parfaitement égaux, tant que leurs angles d'incidence font les mêmes.*

Exp. 25.

Ainsi tout eſt faux ou illuſoire dans cette expérience de l'Auteur. Reſte l'examen de la dernière dont il étaie ſon ſyſtême de la différente réfrangibilité.

X. EXPÉRIENCE.

« Sur un parallélipipède formé de deux priſmes Fig. 17.
ſemblables A B C & B C D, il reçut un petit faiſceau de rayons ſolaires, à quelque diſtance du trou F qui leur donnoit paſſage ; mais de manière que les axes des priſmes fuſſent perpendiculaires aux rayons incidens, & que ces rayons entrant par le côté A B ſortiſſent par le côté C D. Ces côtés étant parallèles (obſerve Newton) rendoient la lumière émergente parallèle à l'incidente. Au - delà de ces priſmes il en plaça un troiſième H I K, pour décompoſer le faiſceau émergent, & jeter l'image colorée P T au fond de la chambre ſur une feuille de papier blanc, placée à diſtance convenable. Après cela il ſe mit à tourner le parallélipipède ſur ſon axe, ſuivant l'ordre des lettres A C D B. Lorſque les côtés contigus B C & C B devinrent aſſez obliques aux rayons incidens F M pour commencer à les réfléchir ; il trouva que les rayons O P qui, réfractés le plus par le troiſième priſme, avoient illuminé le papier en P de violet & de »

«bleu , furent les premiers féparés de la lumière tranfmife O P T , par une totale réflexion vers N ; les autres rayons O R & O T continuant à jeter en R & T leurs couleurs refpectives, favoir : le vert , le jaune , l'orangé & le rouge. Enfuite tournant un peu plus le parallélipipède, ceux-ci furent féparés à leur tour par une totale réflexion , chacun fuivant fon degré de ré-frangibilité , comme dans la IXe Expérience ; d'où il conclut que la lumière du faifceau M O , émergente des deux prifmes adoffés , eft compo-fée de rayons différemment réfrangibles , puif-que les plus réfrangibles peuvent y être féparés des moins réfrangibles. Or , felon lui , elle ne fauroit être altérée en traverfant les furfaces pa-rallèles de ces prifmes ; car fi elle recevoit quel-que modification en fe réfractant à l'une, elle la perdroit en fe réfractant à l'autre en fens contraire , & précifément de la même quantité. Ainfi rétablie dans fon premier état par ces réfrac-tions égales & oppofées , elle fe trouveroit avant fon incidence comme après fon émergence , compofée de rayons différemment réfrangibles ».

« Tandis que les rayons les plus réfrangibles » (pourfuit l'Auteur) , n'étoient pas encore fé-» parés par la réflexion, les deux faifceaux F M & » M O paroiffoient de même couleur & fembla-» bles en tous points , autant qu'on pouvoit en

» juger par l'obſervation ; & il infère que leur lu-
» mière eſt , à juſte titre, réputée de même nature,
» conſéquemment compoſée des mêmes rayons.
» Mais dès que les rayons les plus ré-
» frangibles commencent à être totalement
» réfractés , la lumière du faiſceau M O , dont
» ils ſont ſéparés ſuivant la IXe EXPÉRIENCE ,
» change de couleur, paſſant ſucceſſivement du
» blanc à un jaune lavé & foible , à un aſſez
» bon orangé , à un rouge très-foncé , enfin
» elle diſparoît totalement. Car après que les
» rayons les plus réfrangibles qui en P tei-
» gnent de pourpre le papier, ſont ſéparés du faiſ-
» ceau M O par une réflexion totale, ceux des
» autres couleurs qui paroiſſent en R & T , étant
» mêlés dans la lumière M O , y compoſent
» un jaune foible. Puis dès que les bleus & une
» partie des verts ſont ſéparés , ceux des cou-
» leurs qui reſtent , & qui paroiſſent entre R &
» T (c'eſt-à-dire les jaunes, les orangés, les
» rouges & une partie des verts) étant mê-
» lés dans la lumière M O , compoſent de
» l'orangé. Enfin lorſque les rayons verts, jaunes
» & orangés ſont ſéparés du faiſceau M O , par
» une réflexion totale , il ne reſte que les moins
» réfrangibles qui avoient paru d'un rouge foncé
» en T. La couleur de ces rayons eſt donc
» la même dans le faiſceau M O que dans l'image

» P T, les réfractions du prifme H I K n'ayant fait
» que féparer les rayons différemment réfrangi-
» bles, fans produire ou altérer leurs couleurs ».
Obfervations qui (au jugement de Newton)
prouvent toutes en faveur de la différente réfrangibilité (1).

Cette expérience, Meſſieurs, rentre en partie
dans celle qui précède ; mais elle a quelques circonſtances propres, qui exigent des remarques
particulières.

L'Auteur y ſuppoſe, comme dans toutes les
autres qu'il fit avec le prifme, que les rayons
folaires tombent fur le parallélipipède fans avoir
fouffert aucune déviation, ni aucune décompoſition aux bords du trou qui leur donne paffage. Ainſi il attribue une incidence égale aux
hétérogènes, dont le faiſceau F M eſt compofé.
Deux hypothèfes dont la fauffeté eſt ſuffiſamment
démontrée.

Les côtés A B & C D des prifmes adoſſés
étant parallèles, les réfractions des rayons incidens fe détruifent par les réfractions égales
& oppofées des rayons émergens : d'où il infère que la lumière du faiſceau M O, avant

---

(1) Nouvelle Traduction, pag. 52-55.

qu'aucun

qu'aucun rayon en foit féparé par réflexion, eft blanche & femblable en tous points à la lumière du faifceau F M, du moins autant qu'on peut en juger à l'infpection : ainfi la lumière de ces faifceaux eft à jufte titre réputée de même nature. Puis il établit que le parallélipipède fert uniquement à féparer au moyen de la réflexion les hétérogènes, chacun fuivant fon degré de réflexibilité, toujours correfpondant au degré de réfrangibilité, & qu'aucun rayon ne difparoît de l'image colorée P T, qu'il ne difparoiffe également du faifceau M O.

Se peut-il qu'un obfervateur, tel que Newton, n'ait pas reconnu que la décompofition de la lumière qui tombe fur le parallélipipède (1) ne fauroit provenir de la réflexion ? car au lieu de le tourner felon l'ordre des lettres A C D B ; fi on le tourne en fens contraire, quelle que foit l'obliquité des furfaces réfléchiffantes, le champ des

---

(1) Le parallélipipède dont je me fuis fervi eft fait de deux moitiés d'un prifme ifocelle, de verre trèspur, montées en cuivre, ayant chacune l'angle au fommet de 30 degrés, leurs grandes faces de 18 lignes, & leurs côtés externes fi exactement parallèles, que quand elles font perpendiculaires à l'axe des rayons folaires projetés à 30 pieds, l'image du Soleil eft parfaitement circulaire & parfaitement acolore.

G

rayons tranfmis confervera fa blancheur, jufqu'à ce qu'il difparoiffe tout-à-fait. Or fi cette décompofition provenoit de la caufe à laquelle il l'attribue, ce champ ne feroit-il pas fucceffivement de différentes teintes, dans le dernier cas comme dans le premier?

D'ailleurs, comment Newton ne s'eft-il pas apperçu à la fimple infpection des phénomènes, qu'ils ne peuvent jamais tenir à la différente réflexibilité des rayons (1) hétérogènes : car fi la réflexion avoit effectivement féparé ces rayons, le champ de ceux qui émergent du parallélipipède feroit conftamment circulaire, & fucceffivement d'une teinte différente, mais uniforme: au lieu que le haut, toujours coloré différemment du milieu & du bas, eft même fouvent tronqué.

Comme ces phénomènes ont été fort impar-

***

(1) Ces phénomènes, felon moi, tiennent à une caufe particulière, qu'il importe affez peu de développer ici; puifqu'il ne s'agit que de montrer l'infuffifance de celle que Newton leur affigne. Au refte cette caufe particulière eft la même que celle qui colore en rouge, orangé & jaune, la courbe de la partie fupérieure du champ de vifion, quand on regarde le ciel en tournant fur fon

ısqu
: də
elle
əfliv
er cı

il p
ènes
te ré
fi !
yons
lélip
ceff
orme
ɛrem
uve

mpar

———

e cau
er ic
e ce
artic
orang
cham
fur le

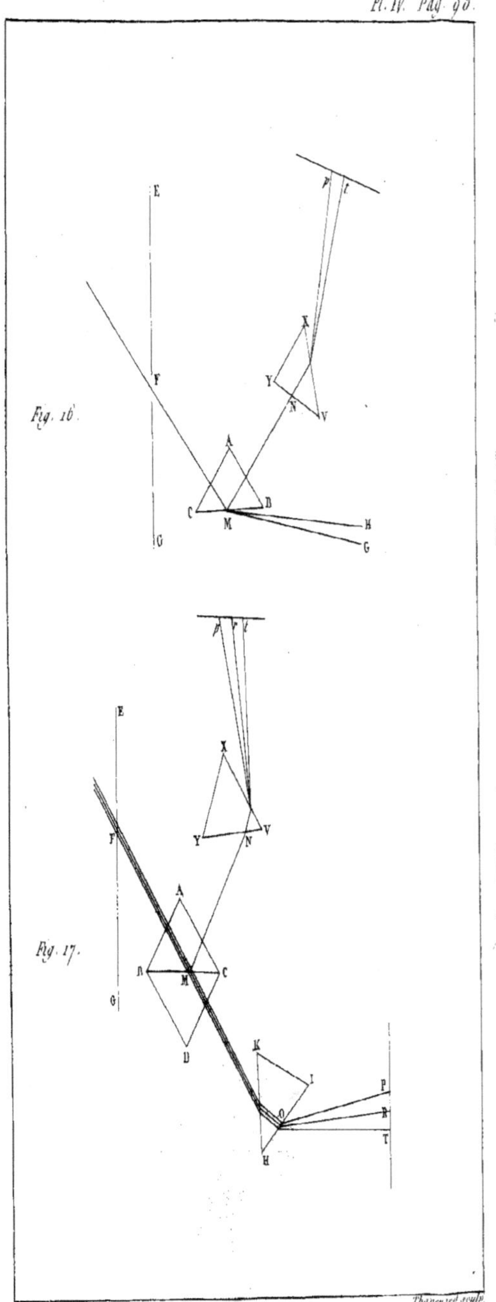
Fig. 16.
Fig. 17.

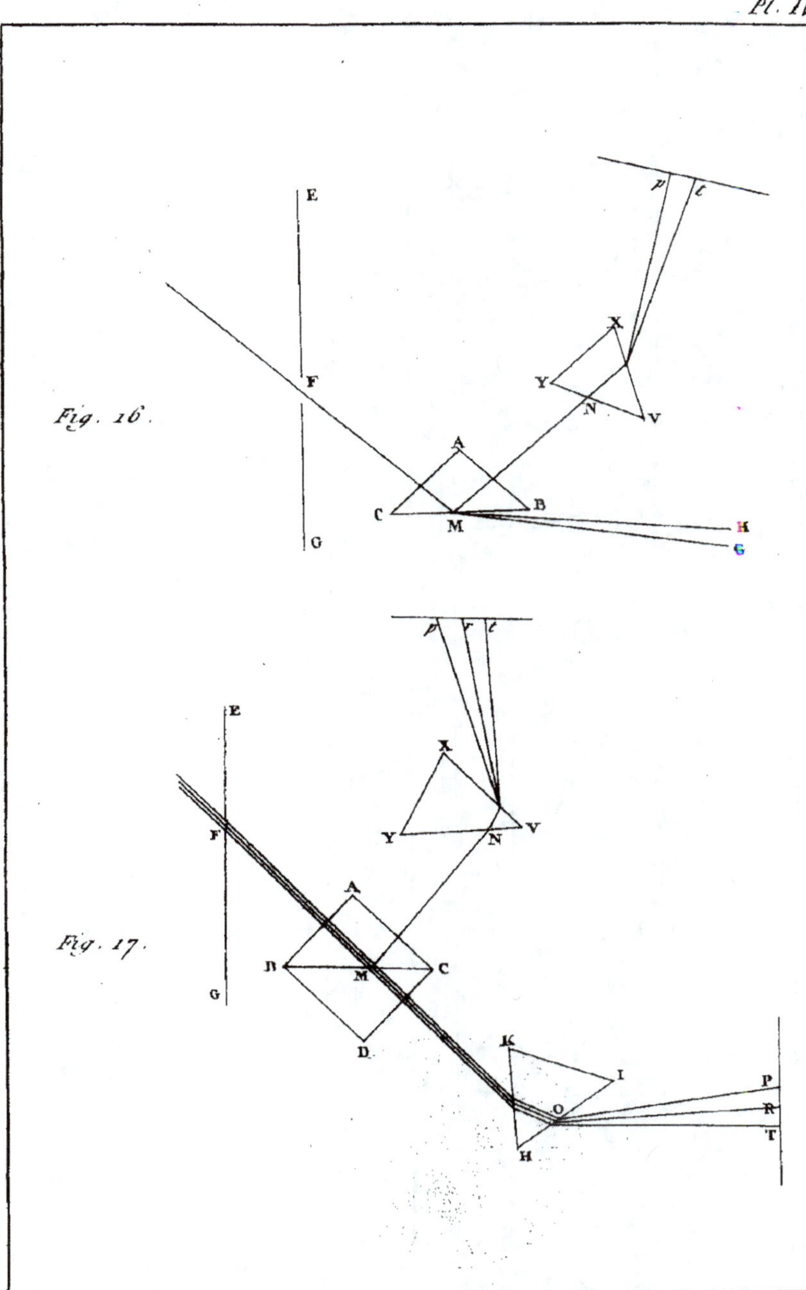
E
F
Fig. 16.
G
p l
X
Y
N
V
A
C
M
B
K
G
p r l
E
X
F
Y
N
V
A
Fig. 17.
B
M
C
G
D
K
I
O
P
R
T
H

faitement décrits par Newton, en voici une description exacte & complette.

I. C A s. A l'inftant où tous les rayons violets & une partie des indigos paroiffent fupprimés du fpectre; la partie fupérieure du champ de ceux qui émergent du parallélipipède eft d'un jaune clair, le refte blanc. Or feroit-il poffible dans les principes de l'Auteur, que la réflexion eût fouftrait de la moitié des images folaires tous les rayons, aux jaunes près; tandis qu'elle n'auroit fouftrait de l'autre moitié de ces images aucun de ces rayons? ou s'ils en font également fouftraits, comment la partie inférieure du champ eft-elle acolore?

Fig. 18.

II. C A s. A l'inftant où les rayons violets, indigos & bleus paroiffent tous fupprimés du fpectre; la partie fupérieure du champ de ceux qui émergent du parallélipipède eft rouge & orangée (1), teintes dont l'intenfité s'affoiblit peu-à-peu jufqu'au tiers; le refte du champ eft jaune. Or feroit-il poffible dans les principes

Fig. 19.

---

axe le parallélipipède ou un fimple prifme. Auffi dans toutes ces expériences diroit-on qu'un voile coloré s'abat fur le champ de la lumière tranfmife.

(1) Dès que le champ commence à être coloré en rouge, il offre deux images, comme fi les furfaces externes du parallélipipède avoient ceffé d'être parallèles : alors auffi le bas de ces images eft bordé de bleu terne.

de l'Auteur, que la réflexion eût fouftrait les rayons violets, indigos, bleus, verts & jaunes du tiers des images folaires ; tandis qu'elle auroit fouftrait des deux autres tiers de ces images tous les rayons hétérogènes, aux jaunes près ?

III. C A s. A l'inftant où les rayons violets, indigos, bleus, verts & jaunes font tous fupprimés du fpectre ; la partie fupérieure du champ de ceux qui émergent du parallélipipède eft tronquée : de celle qui refte, le haut eft d'un rouge foncé, & d'un orangé nué jufqu'aux deux tiers ; le bas eft d'un jaune intenfe. La troncature de la partie fupérieure du champ ne peut venir que d'une réflexion totale des rayons : or feroit-il poffible dans les principes de l'Auteur, que la réflexion eût fouftrait tous les rayons de cette partie ; tandis qu'elle auroit laiffé à chacune des autres les jaunes, les orangés ou les rouges ?

IV. C A s. A l'inftant où tous les rayons, excepté les orangés & les rouges, font fupprimés du fpectre ; on n'apperçoit plus que la partie inférieure du champ de ceux qui émergent, dont le haut eft rouge foncé & le bas orangé. Or feroit-il poffible, dans les principes de l'Auteur, que la réflexion eût fouftrait tous les rayons des deux tiers des images folaires, & qu'elle eût laiffé les rouges & les orangés d'une portion de l'autre tiers de ces images ? Quelles inconféquences dans le fyftême de la différente réflexibilité ! Mais nous ne fommes pas au bout.

Obfervez, Meffieurs, que lorfque les rayons violets & les indigos difparoiffent du fpectre, les verts femblent avoir pris leur place ; car leur teinte s'étend, & la prétendue image colorée du Soleil paroît n'avoir prefque rien perdu de fa longueur.

Obfervez auffi qu'en fupprimant les verts du fpectre, les jaunes difparoiffent en même temps ; la teinte verte réfulteroit donc du mélange des jaunes & des bleus, & non d'une efpèce particulière de rayons.

Obfervez encore que les teintes du champ des rayons tranfmis font en ordre inverfe de celles du fpectre. Ici les rouges font furmontés des orangés, puis des jaunes ; là, les jaunes font furmontés des orangés, puis des rouges : preuve bien évidente que ces phénomènes ne tiennent point à la caufe que Newton leur affigne.

Admettons néanmoins pour un inftant que la réflexion fépare tour-à-tour les rayons hétérogènes, à mefure qu'on fait tourner le parallélipipède fur fon axe ; on concevra comment elle fait difparoître de l'image colorée P T certaines

Fig. 17

teintes, & en fait prendre fucceffivement d'autres au champ du faifceau M O : mais on fen-
tira encore mieux que les teintes fucceffives de
ce champ ne font point celles qui devroient réfulter du mélange des rayons que notre Auteur
fuppofe tranfmis. Si , dans un feul cas (1), fon
hypothèfe paroît d'accord avec la Nature, elle lui
eft oppofée dans tous les autres ; car du rouge &
de l'orangé ne font pas du jaune , comme il l'infinue dans le troifième cas. Du vert, du jaune,
de l'orangé & du rouge ne font pas non plus
de l'orangé & du rouge, moins encore du jaune
vif, comme il le prétend dans le fecond cas.
Enfin du bleu, du vert , du jaune, de l'orangé
& du rouge ne font certainement pas du jaune
clair , moins encore du blanc, comme il l'établit dans le premier cas.

Nous avons vu les inconféquences, voyons
les contradictions.

Dans le fyftéme Newtonien , les rapports de
réflexibilité des rayons hétérogènes correfpondent exactement à leurs rapports de réfrangibilité : ainfi aucun rayon ne pourroit difparoître
Fig. 17. du fpectre P T, qu'il ne difparût également du

---

(1) Le dernier cas.

faifceau **M O.** Toutefois, dans le troifième cas, la réflexion fouftrait d'une partie du faifceau tous les rayons excepté les rouges & les orangés ; de l'autre partie, tous les rayons excepté les jaunes : tandis que les violets, les indigos, les bleus & une partie des verts paroiffent feuls fupprimés du fpectre. Dans le fecond cas, la réflexion fouftrait d'une moitié du faifceau tous les rayons excepté les rouges & les orangés ; de l'autre moitié, tous les rayons excepté les jaunes ; tandis que les violets, les indigos & les bleus paroiffent feuls fupprimés du fpectre. Et dans le premier cas, la réflexion fouftrait de la moitié du faifceau tous les rayons excepté les jaunes : tandis que les violets & les indigos feuls ont difparu du fpectre.

D'ailleurs, les rayons hétérogènes n'y font point féparés fuivant leurs degrés de réflexibilité.

Dans le premier cas, à la même obliquité des furfaces intermédiaires du parallélipipède, la réflexion fouftrait à la fois de la moitié du faifceau tous les rayons excepté les jaunes, c'eft-à-dire, tous les rayons d'extrême & de moyenne réflexibilité : tandis que par une double contradiction, elle ne fouftrait de l'autre moitié du faifceau aucun de ces rayons, réputés également réflexibles.

Dans le second cas , à la même obliquité des surfaces intermédiaires du parallélipipède , la réflexion souftrait à la fois d'une petite partie du faifceau tous les rayons excepté les rouges ; d'une partie un peu plus-grande , tous les rayons excepté les orangés ; & du refte du faifceau tous les rayons excepté les jaunes : elle ne souftrairoit donc pas de chacune de ces parties les rayons homogènes de même réflexibilité.

J'en dis autant à l'égard des deux derniers cas.

Enfin , dans tous ces cas , à la même obliquité des furfaces intermédiaires du parallélipipède , la réflexion ne souftrait des images folaires que le quart , le tiers , la moitié , les deux tiers des rayons homogènes réputés également réflexibles. Choififfez donc de deux chofes l'une , ou admettez que les rayons homogènes ne font pas tous également réflexibles , ce qui implique contradiction ; ou convenez que les phénomènes qu'offre le champ du faifceau tranfmis ne tiennent point à la différente réflexibilité des rayons hétérogènes : autrement pourquoi les homogènes ne difparoîtroient-ils pas tous à la fois , & pourquoi le refte du champ tronqué ne difparoîtroit-il pas également ? Après cela , que penfer de la prétendue démonftration de l'Auteur? Entre-t-il dans l'efprit qu'un génie auffi profond

Fig. 19.

Fig. 18.

Fig. 21.

Fig. 20.

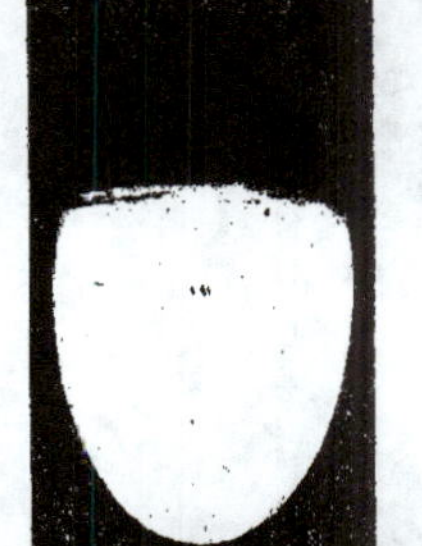

Fig. 19.

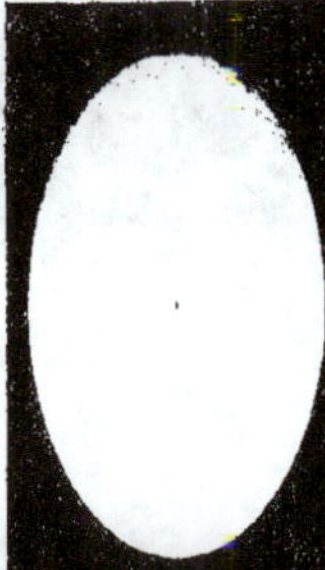

Fig. 18.

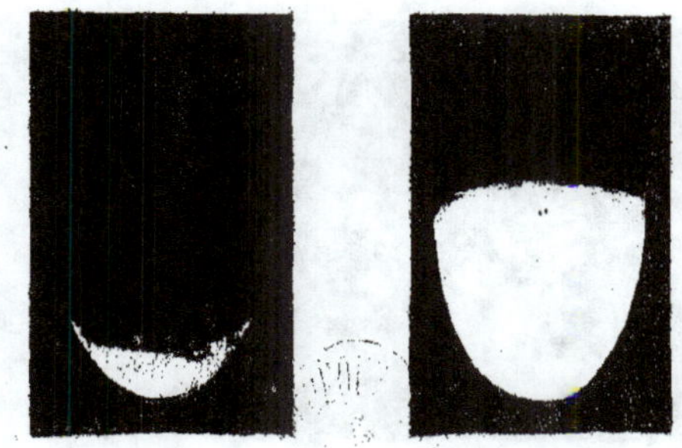

Fig. 21.

Fig. 20.

ait établi des principes dont il n'auroit pas songé à faire la moindre application aux phénomènes, ou plutôt qu'un Observateur aussi sagace se soit trompé au point de n'avoir pas apperçu les inconséquences & les contradictions, qui découlent des hypothèses de la différente réflexibilité & de la différente réfrangibilité ?

De pareilles preuves pourroient dispenser de toute autre : mais portons notre démonstration au dernier point d'évidence.

Si la réflexion faisoit réellement disparoître tour-à-tour du faisceau M O les rayons hétérogènes ; ces rayons soustraits ne s'y trouveroient plus, & il seroit impossible de faire reparoître dans l'image P T aucune de leurs teintes respectives, tant que l'inclinaison des surfaces réfléchissantes du parallélipipède ne seroit point changée, & qu'on ne toucheroit à aucune partie de l'appareil. Cependant rien de si facile. *Pour* Exp. 26. *cela, il suffit de faire passer ce faisceau par un petit trou (1) percé dans un carton. Or, quoique les violets, les indigos, les bleus & les verts soient tous réputés soustraits par la réflexion, le spectre n'en paroît pas moins ; à cela près, que ses teintes vio-*

----

(1) De 3 lignes en diamètre.

lette, indigo & bleue deviennent vertes : effet fort simple du mélange de leurs rayons aux jaunes qui se trouvent excédens. *Mais projetez les rayons émergens du prisme sur un papier blanc interposé à quelques lignes ; vous verrez leur champ bordé ; d'une part, d'un croissant jaune circonscrit d'un rouge ; de l'autre part, d'un croissant bleu circonscrit d'un violet.* Phénomène constant, qui seul suffiroit pour renverser la doctrine que je réfute : car comment imaginer qu'un simple morceau de carton puisse faire reparoître, dans le faisceau, des rayons qui ne s'y trouveroient plus ?

Il reste donc invinciblement démontré que les rayons solaires qui forment le spectre, se décomposent uniquement autour du soleil, & autour du trou fait au volet de croisée pour leur donner passage ; que les hétérogènes, toujours différemment déviés, ne tombent point avec la même direction sur le parallélipipède qui les réfracte ; que la réflexion & la réfraction ne les séparent jamais, tant qu'ils ont la même direction à leur incidence ; qu'ils ne sont ni différemment réfrangibles, ni différemment réflexibles ; enfin que la prétendue image colorée du Soléil est formée en partie de lumière blanche, c'est-à-dire, de rayons qui ne se sont pas décomposés autour de l'astre & autour du trou

deftiné à les introdúire dans la chambre obfcure.
Preuves fans replique de la fauffeté du fyftème
Newtonien.

R É S U M É.

Nous voici enfin à la conclufion de l'Auteur (1).

« De tant d'expériences faites, foit fur la lu-
» mière réfléchie par des corps naturels comme
» la Iᵉ & la IIᵉ, ou par des corps fpéculaires
» comme la IXᵉ ; foit fur la lumière réfractée
» avant que les rayons hétérogènes fuffent fé-
» parés les uns des autres par leur divergence
» comme la Vᵉ, ou après leur féparation comme
» les VIᵉ, VIIᵉ & VIIIᵉ ; foit fur la lumière
» tranfmife par des furfaces parallèles dont les
» réfractions fe détruifent mutuellement comme
» la Xᵉ ; il fuit évidemment qu'il fe trouve
» toujours des rayons, qui à incidences égales
» fur le même milieu, fouffrent, dans tous ces
» cas, des réfractions inégales, & cela fans qu'ils
» foient en aucune manière divifés ou dilatés
» comme il paroît par les EXPÉRIENCES Vᵉ &
» VIᵉ. Puis donc que les rayons qui diffèrent
» en réfrangibilité peuvent être féparés les uns
» des autres, ou par réfraction comme dans la

____

(1) Nouvelle Traduction, pag. 57 & 58.

» III², ou par réflexion comme dans la Xe ;
» & qu'alors les rayons de chaque espèce, pris
» à part, souffrent à égales incidences des ré-
» fractions inégales, mais proportionnelles avant
» & après leur séparation, quel que soit le nombre
» des prismes qu'ils viennent à traverser, comme
» dans les expériences VIe, VIIe, VIIIe, IXe &
» X^e, il est manifeste que la lumière du soleil
» est un mélange de rayons hétérogènes, dont
» les uns font constamment plus réfrangibles
» que les autres ».

Mais, Messieurs, j'ai analysé toutes ces expériences avec un soin particulier, & j'ai démontré que les résultats de la I^e sont équivoques,
même faux : équivoques, en ce que Newton a
confondu les phénomènes de la réfraction des
rayons réfléchis par la bande de papier, peinte
moitié en bleu, moitié en rouge, avec les phénomènes de la déviation des rayons décomposés fur les bords de cette bande : faux, en
ce que les iris qui paroissent aux bords d'un
objet vu à travers un prisme, & qui proviennent
de ces rayons déviés, peuvent être supprimées
fans que l'image soit moins distincte que si l'objet étoit vu à œil nud ; or ce font ces iris qui
par la disposition de leurs bandes colorées, font
paroître l'image de la moitié bleue du papier
plus élevée ou plus abaissée par les réfrac-

rions prifmatiques, que l'image de la moitié rouge.

J'ai démontré auffi que les réfultats de la IIᵉ EXPÉRIENCE font faux ; & cela fimplement en éclairant mieux l'objet que n'avoit fait Newton.

J'ai démontré encore que dans la IIIᵉ EXPÉRIENCE, ce profond Géomètre ne tient aucun compte des rayons folaires déviés autour du foleil ou du trou qui leur donne paffage, & décompofés avant leur incidence fur le prifme. Inconféquence frappante qui fe retrouve dans toutes les autres expériences, où il fuppofe toujours contre les faits égale incidence & inégale réfraction des rayons hétérogènes. Ainfi quel que foit le nombre des prifmes qu'ils viennent à traverfer, jamais ils ne fe réfractent plus ou moins en apparence, que parce qu'ils fe font plus ou moins déviés en effet. Preuve convaincante, s'il en eft, que cette fameufe expérience eft illufoire, de même que toutes les autres du même genre.

J'ai fait plus, j'ai comparé géométriquement les phénomènes de la formation du fpectre à la doctrine de la différente réfrangibilité de ces rayons, & j'ai démontré d'une manière victorieuse, que loin de s'y appliquer heureusement, elle leur est diamétralement opposée.

A l'égard de la IVe Expérience, j'ai démontré qu'elle rentre dans la IIIe, dont elle a tous les défauts. J'ai fait voir en outre que les iris dont un objet lumineux, vu à certaine distance au travers d'un prisme, paroît bordé ou couvert, ne viennent que des rayons déviés & décomposés à sa circonférence ; puisqu'ils diminuent considérablement ou disparoissent même tout-à-fait, lorsque cet objet est fort près du prisme, quelqu'éloigné d'ailleurs qu'en soit le plan où l'image est projetée : phénomène qui ne peut résulter que d'une différente incidence des rayons, de l'un à l'autre cas.

Après avoir établi sur des preuves incontestables que, dans la Ve Expérience, le spectre formé par le second prisme n'a point la figure qui devroit résulter de la différente réfrangibilité prétendue des rayons hétérogènes ; j'ai fait voir que Newton n'avoit pas même observé avec attention la figure oblique qu'il décrit avec tant d'art, puisqu'elle forme une courbe, au lieu de former une droite.

Puis j'ai démontré qu'en projetant bout à bout six spectres formés de la même manière, on

les voit décrire un arc de cercle, quand on les
regarde à travers un prifme dont l'axe eft parallèle à leur longueur : phénomène dont il
faudroit néceffairement inférer ; d'une part , que
parmi les rayons hétérogènes , les violets comme
les rouges font à la fois & les plus réfrangibles
& les moins réfrangibles ; d'une autre part , que
tous les rayons homogènes font en même temps
& plus réfrangibles & moins réfrangibles qu'eux-
mêmes , conféquences dont l'abfurdité révolte.

A l'égard de la VIe EXPÉRIENCE , j'ai obfervé que les rayons hétérogènes , dont l'Auteur
fuppofe l'incidence égale , tombent avec différentes directions fur les deux prifmes qui les
réfractent , fuite de leurs différentes inflexions
aux bords du trou deftiné à tranfmettre le faifceau folaire ; & j'ai fait voir que de-là uniquement réfulte la féparation des images formées
au fond de l'œil par ces rayons doublement réfractés , & non de leur différente réfrangibilité
prétendue , comme l'Auteur le veut.

Au fujet de la VIIe EXPÉRIENCE , j'ai prouvé
que la diftance des images des petits objets ,
éclairés par des rayons hétérogènes de deux
fpectres , & vus à travers un prifme , vient
de la différente incidence de ces rayons

déviés & décompofés aux bords du trou qui leur donne paffage.

Quant à la VIIIe EXPÉRIENCE, j'ai démontré que fes réfultats font abfolument faux; puifqu'en projetant fur un livre les rayons d'un fpectre fort raccourci , mais rendus parallèles ; les images des caractères illuminés à la fois de toutes les couleurs , & comparées d'un feul coup d'œil , ont toute leur netteté précifément au même point.

J'ai prouvé dans la IXe EXPÉRIENCE, que le raifonnement de l'Auteur porte à faux ; parce que les rayons folaires ne tombent pas perpendiculairement fur le premier prifme , comme il le fuppofe.

J'ai démontré enfuite que même d'après fes principes, il feroit de toute impoffibilité que le champ de ces rayons pût conferver fa blancheur à leur émergence de ce prifme , dès l'inftant qu'une feule efpèce des hétérogènes viendroit à en être féparée par réflexion. Puis j'ai fait voir que la bafe du prifme ne réfléchit pas les rayons hétérogènes plutôt les uns que les autres, en vertu de leur différente réflexibilité prétendue , mais en vertu de leur différente déviation aux bords du trou qui leur donne paffage.

Enfin

Enfin j'ai démontré que dans la Xe Expérience, les rayons hétérogènes ne font pas féparés par les furfaces réfléchiffantes des prifmes adoffés , en vertu de leur différente réflexibilité prétendue. J'ai démontré auffi que les phénomènes que préfente le champ des rayons émergens d'un parallélipipède , fait de deux prifmes de 30° chacun , loin de s'accorder avec la doctrine de la différente réflexibilité , la renverfent fans reffource.

J'ai démontré encore qu'après avoir cru fouftraire du faifceau, par l'obliquité des furfaces réfléchiffantes , telle ou telle efpèce de ces rayons , ils reparoiffent à volonté , en fefant paffer ceux qui reftent à travers un petit trou percé dans un corps quelconque : phénomène inconcevable dans le fyftéme de l'Auteur ; puifqu'il faudroit fuppofer que cette méthode fi fimple auroit fait reparoître dans le faifceau des rayons qui ne s'y trouvoient plus.

De l'examen approfondi dans lequel je fuis entré , le Lecteur inftruit & impartial conclura fans doute que les Expériences données par Newton , en preuve du fyftéme de la différente réfrangibilité , ne font rien moins que décifives.

J'ai rempli la tâche impofée par l'Académie.

H

En analyfant ces Expériences', je les ai dépouil-
lées de ce qu'elles ont d'impofant ; j'en ai fait
voir les défauts , & j'ai démontré par des faits
fimples , uniformes , invariables , qu'elles font
toutes fauffes ou illufoires. Arrivé au terme de
la carrière , fouffrez , Meffieurs , que je m'arrête,
& que du point où je fuis parvenu , je jette un
coup d'œil fur les routes nouvelles que je viens
de m'ouvrir , pour vous inviter à les reconnoître,
en vous remettant le flambeau qui m'a guidé.

MÉMOIRE

Sur la prétendue différente réfrangibilité des Rayons hétérogènes.

Multa paucis.

OBSERVATIONS ESSENCIELLES.

COMME ce Mémoire traite de phénomènes jufqu'ici inconnus, il importe de commencer par s'en faire une idée vraie, en répétant les expériences deftinées à les développer.

Les inftrumens indifpenfables pour répéter ces expériences, font :

1°. Une lentille convexe, de 3 pouces de diamètre, & de 8 pouces de foyer.

2°. Un prifme de 10 à 12 degrés, & de 18 lignes de faces.

3°. Un prifme de 30 à 40 degrés, & de 18 lignes de faces.

4°. Un prifme de 62 à 63 degrés, & de 18 lignes de faces.

5°. Un prifme à eau, de 70 degrés, & de 6 pouces de faces.

Tous ces inftrumens doivent être d'un travail régulier, & de verre très-pur, c'eft-à-dire, choifi par ma méthode d'obferver dans la chambre obfcure, la feule parfaite pour le choix des verres deftinés à l'Optique.

6°. Trois diaphragmes de carton, chacun d'un pied de diamètre, & percés ; l'un, d'un trou de 3 lignes ; l'autre , d'un trou de 6 lignes ; & l'autre, d'un trou de 15 lignes.

7°. Un plan paffé au blanc mat.

8°. Plufieurs fupports à colonne & à tige, propres à recevoir ces diaphragmes & ce plan, de même qu'à les fixer à hauteur convenable , au moyen d'une vis de preffion.

9°. Une feuille de carton blanc fatiné.

10°. Un carré de carton noir fur lequel fera collée une bandelette de papier blanc.

MÉMOIRE.

PROGRAMME.

« Les Expériences sur lesquelles Newton
» établit la différente réfrangibilité des
» rayons hétérogènes , sont - elles déci-
» sives ou illusoires ? »

S'IL est en Physique un point de doctrine
qui parut incontestable, c'est sans doute celui
de la différente réfrangibilité. Quelle multitude
d'expériences faites pour l'établir ! expériences où
le génie s'est plu à déployer toutes ses richesses ;
expériences dont la Nature sembloit avoir pris
à tâche de confirmer les conséquences, & la
Géométrie les applications ; expériences que les
maîtres de l'art ont consacrées d'une voix
unanime.

H 4

Malgré tant de preuves réunies, tant de suffrages imposans, croira-t-on qu'un Auteur de nos jours (1) n'a pas craint de réclamer contre l'immortel Newton ? Il a attaqué avec force cette partie du *syflême des Couleurs*, il a taxé d'illufoires les faits qui concourent à l'étayer ; & il faut en convenir, fi fes raifons ne font pas de nature à entraîner tous les efprits, elles font plus que fuffifantes pour forcer au doute les obfervateurs judicieux.

Un Amateur diftingué voulant étouffer l'erreur à fa naiffance ou faire triompher la vérité, a remis à votre examen la décifion de cette importante matière ; & vous venez, Meffieurs, d'inviter les Phyficiens à vous faire part des faits propres à déterminer votre jugement. Rien ne prouve mieux les progrès de la Philofophie parmi nous, que de voir une Compagnie célèbre remettre en queftion un point fondamental d'Optique, confacré jufqu'à ce jour par l'admiration de l'Europe favante. Je ne craindrai donc plus de le dire ; fi la doctrine de la différente réfrangibilité des rayons hétérogènes

______

(1) L'Auteur *des Découvertes fur la lumière & des Notions élémentaires d'Optique* eft le premier qui fe foit jamais infcrit en faux contre la doctrine de la différente réfrangibilité.

paroît porter fur des expériences décifives , elle n’eft rien moins que démontrée.

Qu’il me feroit aifé de préfenter ces expériences fous leurs différentes faces , & d’en faire voir les défauts ! mais on fe perdroit dans une infinité d’obfervations fuperflues , s’il falloit pefer toutes les raifons qui rendent équivoques leurs réfultats.

Qu’il me feroit aifé encore de faire voir qu’il fuffit de varier ces expériences, pour en tirer des réfultats différens, fouvent même oppofés ! genre de preuve beaucoup plus fort que celui d’invalider les raifonnemens de l’Auteur. Je fuis bien éloigné cependant de fuivre une pareille marche : maître de renverfer d’un feul coup les fondemens de l’édifice, pourrois-je m’amufer à le détruire peu-à-peu ?

Il s’agit de démontrer que cet édifice pofe fur le fable : commençons, Meffieurs, par l’expofé de quelques principes qui répandront le plus grand jour fur ma démonftration.

C’eft une loi certaine de Dioptrique, qu’un rayon , qui traverfe différens milieux, ne fe réfracte jamais à leurs furfaces, à moins qu’il ne les traverfe obliquement.

Si chaque milieu eſt terminé par des ſurfaces parallèles, les rayons incidens & les rayons émergens ſe réfracteront au même degré & en ſens contraires : d'où il ſuit que les derniers feront exactement parallèles aux premiers. Or dans le ſyſtême Newtonien, les rayons immédiats du Soleil, au ſortir de pareils milieux, paroîtront n'avoir ſouffert aucune décompoſition ; leur champ doit donc être ſans iris.

Si l'un de ces milieux eſt terminé par des ſurfaces inclinées entr'elles, les réfractions ne ſe compenſeront plus, & les rayons du Soleil paroîtront néceſſairement décompoſés : parce que les hétérogènes ne ſont pas également réfrangibles.

Quel que ſoit ce milieu, la ſéparation des rayons ne peut commencer à ſe faire que du côté où la réfraction les porte : d'où il ſuit que les phénomènes doivent changer avec l'inclinaiſon, ou plutôt la figure des ſurfaces réfringentes, & la diſtance du plan où les rayons viennent à être projetés.

Pour ſimplifier notre examen, ſuppoſons ce milieu terminé par deux ſurfaces ſeulement.

Ces ſurfaces ſont-elles ſphériques ? — A quelque diſtançe que le plan ſoit interpoſé, excepté au foyer ; le champ de lumière ſera toujours circonfcrit d'iris plus ou moins étendues, & le centre n'en fera jamais acolore : avec cette différence toutefois que fi les rayons réfractés convergent, les moins réfrangibles formeront les iris apparentes des bords, tandis que les plus réfrangibles coloreront le centre ; mais fi les rayons réfractés divergent, les plus réfrangibles formeront les iris apparentes des bords, tandis que les moins réfrangibles coloreront le centre.

Ces furfaces font-elles planes ? — Si le plan où les rayons fe trouvent projetés eft à petite diftance, le feul côté du champ de lumière où porte la réfraction fera bordé d'iris. Si ce plan eft à diftance confidérable, ces bandes feront efpacées par des intervalles obfcurs. Conféquences néceffaires de l'écartement relatif des rayons hétérogènes qui viennent à diverger.

Le champ qu'ils forment eft-il élevé ou abaiffé par la réfraction ? — Les bandes colorées paroîtront d'autant plus élevées ou d'autant plus abaiffées, que leurs rayons refpectifs font plus réfrangibles. La réfrangibilité relative des hétérogènes eft donc déterminée par la différence de la réfraction totale des plus réfrangibles à la réfraction totale des moins réfrangibles ; ou ce qui revient au même, par la différence des angles qui mefurent ces réfractions.

'Ainſi quand les rayons ſont réfraĉtés par un milieu à ſurfaces planes, la différente réfrangibilité des hétérogènes ſe meſure par l'angle qu'ils forment avec les rayons incidens prolongés; ou par la différence de leurs diſtances focales, quand les ſurfaces du milieu ſont ſphériques.

A quelque diſtance que ſoient projetés les rayons ſolaires réfraĉtés par une lentille convexe ou par un priſme, leur champ ne peut donc jamais être exempt d'iris.

Voilà, Meſſieurs, des conſéquences néceſſaires de l'hypothèſe de la différente réfrangibilité; conſéquences rigoureuſement aſſujetties aux lois de la Dioptrique, & avouées de tous ceux qui ſont verſés dans cette ſcience : elles nous ſerviront de règles dans l'examen qui va nous occuper.

Mais comme il eſt hors de doute que les rayons de lumière ſe dévient & ſe décompoſent toujours en paſſant à certaine diſtance des corps, ce que Newton n'ignoroit certainement pas (1); les phénomènes produits par les rayons déviés & décompoſés à la circonférence

______

(1) Voyez dans la *Nouvelle Traduĉtion de ſon Optique*, le Livre I I I, où il s'étend fort au long ſur l'expérience de Grimaldi.

des objets vus à travers des verres lenticulaires ou prifmatiques, de même qu'à la circonférence du trou deftiné à les tranfmettre à ces verres, doivent immancablement fe combiner avec les phénomènes qu'il fuppofe produits par la différente réfrangibilité des rayons hétérogènes. L'analyfe peut feule les féparer : mais c'eft au raifonnement à faire voir leurs différences , à les ramener chacun à leur caufe particulière.

Que faut-il donc pour prouver fans replique la fauffeté du fyftême Newtonien ? —— Deux chofes : démontrer que les rayons de lumière ne fe décompofent jamais en traverfant obliquement une lentille, un prifme, ou tout autre milieu à furfaces inclinées ; puis démontrer que les couleurs, dont leur champ eft circonfcrit ou couvert, appartiennent uniquement à la différente déviation des rayons hétérogènes décompofés à la circonférence des corps. Ce qui va être conftaté par une fuite d'expériences extrémement fimples , quoique très-variées ; mais fi neuves, qu'elles furprendront fans doute tous ceux qui connoiffent l'Optique ; & fi décifives, que nul obfervateur impartial n'héfitera de foufcrire aux conféquences que j'en tirerai.

Les phénomènes qu'elles préfentent font uniformes & invariables, comme les lois de la Nature dont ils découlent ; je les diftinguerai ce-

pendant en cinq claffes , relativement aux différentes méthodes employées à les développer.

PREMIÈRE CLASSE.

On a vu que dans l'hypothèfe de la différente réfrangibilité, c'eft à l'un des côtés du
champ formé d'un faifceau de rayons immédiats du Soleil , tranfmis par un trou rond &
à travers un prifme , que doit commencer la
féparation des hétérogènes. Ainfi , lorfque le
plan où ils font projetés fe trouve à très-petite diftance, le feul côté (1) vers lequel porte
la réfraction devroit paroître coloré. Mais lorfque ce plan eft à certaine diftance , tout le champ
devroit paroître couvert de bandes de différentes couleurs , fi tant eft que les rayons hétérogènes foient différemment réfrangibles.

Par la même raifon , en regardant à certaine
diftance au travers d'un prifme (2) une furface

______

(1) En interpofant le plan très-proche du prifme,
on voit toujours le champ circonfcrit d'iris. Je ne m'arrête pas ici à faire obferver combien les phénomènes de
la Nature font peu conformes aux principes de l'Auteur ; je me borne à démontrer qu'ils lui font diamétralement oppofés.

(2) Le prifme employé dans cette expérience & les
fuivantes , eft équilatéral ou à-peu-près.

blanche, unie (1) & fort étendue ; le champ que l'œil peut embrasser devroit constamment paroître couvert de bandes différemment colorées, ou tout au moins bordé d'iris. *Cependant, lorsqu'on regarde de la sorte le ciel couvert de vapeurs, quelque partie qu'on en découvre, toujours elle paroît acolore & bien terminée, sans qu'on apperçoive la moindre iris aux bords des surfaces réfringentes, pas même quand elles sont fort éloignées (2) de l'œil. Mais, si on regarde des objets isolés coupant sur ce fond, quoique leur distance soit peu considérable, & que l'organe soit appliqué contre l'instrument, ils paroîtront toujours bordés ou couverts d'iris, suivant qu'ils ont plus ou moins d'étendue.* La lumière qui forme ces iris se décompose donc à la circonférence de ces objets, & non en se réfractant aux surfaces du prisme.

Après avoir rétréci le champ de la vision, au moyen d'un disque de papier noir percé d'un trou de

————————————————————————

(1) Je dis unie, parce que la lumière se décompose toujours autour des petites éminences d'un corps mal poli.

(2) Dans le système Newtonien, la lumière n'est supposée se décomposer qu'aux surfaces du prisme, ou plutôt dans l'intervalle du prisme à l'œil : ainsi la circonstance la plus favorable à cette décomposition, est que l'œil soit fort éloigné du prisme, & le prisme fort proche de l'objet.

quatre lignes & collé à la dernière surface réfringente, si on regarde un objet blanc & uni, tel
qu'une feuille de carton lisse ; tant que les bords en
feront apperçus, ils paroîtront couverts d'iris. Mais
si on éloigne affez de l'œil le prifme, ou si on diminue affez l'ouverture (1) du diaphragme, pour que
les bords de cette furface foient cachés, toujours
la partie vifible paroîtra acolore & bien terminée (2).
Alors qu'on regarde quelqu'objet ifolé coupant fur ce
fond acolore, il paroîtra conftamment bordé ou couvert d'iris, fuivant qu'il aura plus ou moins d'étendue, quoique fa diftance foit beaucoup moindre.
—— La lumière qui forme ces iris fe décompofe donc à la circonférence de cet objet, & non
en fe réfraŭant aux furfaces du prifme.

Exp. 4.

S E C O N D E   C L A S S E.

Sans doute, les iris qui bordent ou recou-
vrent l'image d'un objet vu au prifme, viennent uniquement des rayons déviés & décompofés à fa circonférence ; mais pour faire

---

(1) N'eût-elle qu'un quart de ligne.

Exp. 5.

(2) *L'expérience réuffit à merveille, & donne des réfultats très-brillans, lorfqu'on regarde le ciel à travers un
petit diaphragme appliqué à l'une des furfaces réfringentes,
quoique le prifme foit à quatre toifes de l'œil.*

paroître

paroître un objet irifé, ces rayons doivent tomber fur le milieu réfringent, à certaine diftance de ceux qui viennent des bords de fa furface : ce qui fuppofe certaine diftance du prifme à l'objet. Vérité que je vais mettre dans tout fon jour.

Qu'on place le prifme fur un carton blanc & liffe, enfuite qu'on regarde le carton à travers l'un des angles réfringens ; à quelque diftance que l'œil fe trouve, tant qu'il eft dans (1) la direction des rayons réfractés, la partie vifible paroît conflamment acolore & bien terminée. Puis donc que les iris difparoiffent dès que les bords de l'objet fe trouvent cachés, il eft inconteftable qu'elles font uniquement produites par les rayons dé-

Exp. 6.

---

(1) Les objets étant vus à travers la furface pofée fur le plan & la furface oppofée au fpectateur, la réfraction porte néceffairement les rayons vers la bafe de l'angle formé par ces furfaces : il faut donc élever l'œil vers cette bafe pour qu'il foit dans la direction des rayons réfractés ; & plus l'œil eft élevé, plus les réfractions deviennent confidérables.

Le prifme étant pofé fur la bandelette, on pourroit objecter que les rayons incidens ne paffant pas de l'air dans le verre, les réfractions font moindres ; mais je prie le Lecteur d'obferver que les phénomènes font parfaitement identiques, lorfque le prifme eft à une ligne de la bandelette.

Exp. 7.

I

viés & décompofés à la circonférence de cet objet.

Ces bords font-ils vifibles ? —— Ils paroî-tront de même fans iris, pourvu que les rayons déviés & décompofés à la circonférence tom-bent fur le prifme, à très-peu près, avec les mêmes directions que ceux qui font réfléchis par les bords de la fuperficie de cet objet. *Lorf-que le prifme eft pofé fur une bandelette de papier blanc, étroite, très-mince, & collée exactement à un carton noir; fi on la regarde à travers l'un des angles réfringens, à quelque diftance que l'œil fe trouve, tant qu'il eft dans la direction des rayons réfractés, elle paroîtra acolore & bien ter-minée, lors même que la grandeur & l'inégalité des réfractions la fait paroître auffi déliée qu'un che-veu, ou que la diftance de l'œil au prifme eft très-confidérable* (1).

Exp. 8.

---

(1) Si l'on objectoit que le prifme étant pofé fur la bandelette, la lumière entre par la face oppofée à celle d'où elle émerge, fe réfracte en fens contraires, & con-tinue à être acolore au moyen de ces réfractions qui fe compenfent ; je répondrai que l'objection n'a aucun poids, tant que ces faces ne font pas également incli-nées à leur bafe. Or, le phénomène n'a pas moins lieu, lorfque le prifme eft fcalène, que lorfqu'il eft équiangle: alors les réfractions inégales à l'entrée & à la fortie des

Ces phénomènes font invariables, quelqu'in-clinées que foient entr'elles les furfaces réfrin-gentes, quelque confidérables que foient les réfractions : la lumière réfléchie par des objets blancs eft donc tranfmife à travers des milieux à furfaces inclinées, fans fouffrir aucune décom-pofition ; les rayons hétérogènes fe réfractent donc tous également à ces furfaces, ils font donc tous également réfrangibles.

T R O I S I E M E   C L A S S E.

Si les rayons qui produifent les iris d'un objet vu au prifme venoient de fa furface, & fi les rayons hétérogènes étoient différemment réfran-gibles ; tant que le prifme eft feul interpofé,

---

rayons ceffent de fe compenfer ; l'objet devroit donc paroître irifé, cependant il eft acolore.

Il n'eft pas moins acolore non plus, lorfque la lu-mière qui l'éclaire entre & fort par la même face du prifme : dans ce cas, les rayons deux fois réfractés par le même angle, devroient produire des iris deux fois plus étendues.

Enfin, il n'eft pas moins acolore, lorfque le prifme ceffant d'être pofé fur la bandelette, fe trouve placé de manière qu'elle eft éclairée immédiatement, pourvu qu'il en foit à très-petite diftance.

L'objection eft donc nulle, & l'expérience refte dans toute fa force contre la doctrine de Newton.

I 2

il feroit impoffible de faire difparoître ces iris, quelque moyen que l'on mît en ufage : cependant il eft très-facile de les fupprimer, & de faire paroître l'objet auffi bien terminé qu'il l'eft à œil nud. *Pour cela il fuffit d'intercepter les rayons déviés & décompofés à fa circonférence, en élevant ou en abaiffant le bord d'une bandelette de carte vers l'axe vifuel, fuivant que le fommet de l'angle réfringent eft tourné en haut ou en bas (1).*

Quelque ouverture qu'ait le prifme, les réfultats font les mêmes. Mais pour que l'expérience réuffiffe, les rayons de l'auréole doivent être fupprimés, avant que la réfraction les ait trop projetés dans le champ de lumière : il importe donc que la diftance du prifme à l'œil & à l'objet foit proportionnelle à l'ouverture de l'angle réfringent. Règle générale : les iris ne doivent pas recouvrir les bords de l'objet plus

---

(1) Si on abaiffe le bord de la bandelette vers le milieu de la pupille, lorfque l'image eft abaiffée par la réfraction, & réciproquement ; loin que les iris foient fupprimées, elles paroîtront plus vives, plus grandes. Et cela doit être ; car dans ce cas, les rayons déviés aux bords de la bandelette entrent dans l'œil avec ceux qui viennent de l'objet en expérience : au lieu que cela n'arrive pas lorfque la bandelette s'avance du côté oppofé au fommet de l'angle réfringent.

d'une ou deux lignes, le prisme doit être à (1)
plusieurs pouces de l'œil, & la bandelette en
être extrêmement proche. *Lors donc qu'à tra-*
vers un prisme de 25 à 30 degrés, on regarde le
bord supérieur d'une bougie allumée, ou plutôt d'un
carré de papier blanc fixé à côté de la flamme; si
l'image est élevée par la réfraction, l'iris bleue &
violette qui le couvre (2) disparoîtra, en abaif-
fant d'une manière convenable la bandelette vers
le centre de la pupille (3): si l'image est abaissée
par la réfraction, l'iris jaune & rouge qui le couvre
disparoîtra de même, en élevant la bandelette; &
dans ces deux cas le bord du papier paroîtra auffi
nettement terminé qu'à œil nud.

Exp. 10.

---

(1) A 8 pouces, par exemple, si le prisme a 20 degrés, & si la bandelette est à une ligne de la pupille.

Une observation non moins singulière à faire, c'est
que les iris d'un objet dont on voit les bords, paroiffent en sens inverses, à œil nud & à travers un prisme.

(2) Si on abaisse trop la bandelette, le bord du papier paroîtra teint de jaune & d'orangé sale; teintes
produites par les rayons déviés & décomposés aux bords
de la bandelette. Mais la preuve que le mélange de ces
rayons ne contribue en rien à la blancheur apparente
du bord de l'image, c'est que l'iris jaune & rouge est
de même supprimée, lorsque le sommet de l'angle réfringent est tourné en bas; alors toutefois elle devroit
devenir & plus vive & plus large.

(3) C'est le point par où passe l'axe optique.

Exp. 11.

En regardant la flamme d'une bougie à travers un prisme de dix à douze degrés, & dont l'axe soit perpendiculaire à l'horison, qu'on tienne l'instrument à quinze pouces de l'œil, & qu'on approche du centre de la pupille le bord de la bandelette ; les phénomènes seront semblables (1).

Exp. 12.

Après avoir disposé un disque de carton noir ayant un trou de six lignes au milieu, devant un disque égal de papier blanc lisse & bien éclairé, qu'à travers un prisme de 60 à 64 degrés, tenu à 7 ou 8 pouces de l'œil, on regarde le petit champ de lumière ; il paroîtra circonscrit d'iris en forme de croissans. Alors qu'on approche du centre de la pupille le bord de la bandelette, ces iris disparoîtront tour-à-tour, & le champ paroîtra nettement

Exp. 13.

terminé. Il en sera de même si au lieu de regarder le petit disque de papier blanc, on regarde le ciel par un trou de quelques lignes. Phénomènes aussi uniformes qu'invariables, mais impossibles à concevoir dans le système Newtonien. Puis donc que les iris d'un objet vu à travers un prisme peuvent être supprimées, sans que l'objet lui-même paroisse moins nettement terminé que s'il étoit vu à œil nud ; il est manifeste qu'elles

---

(1) En inclinant peu la première surface du prisme aux rayons incidens, les iris s'étendent ; & toutefois on les supprime avec plus de facilité.

proviennent uniquement des rayons qui se dévient & se décomposent autour de cet objet ou
autour du trou qui leur livre passage. Et puisqu'un objet blanc, vu à travers un milieu réfringent à surfaces inclinées, peut paroître acolore & bien terminé ; il est indubitable que la
lumière ne se décompose jamais en s'y réfractant. Les rayons hétérogènes ne diffèrent donc
point en réfrangibilité.

QUATRIEME CLASSE.

Nous avons démontré que les iris d'un objet vu
au prisme, viennent uniquement des rayons déviés
& décomposés à sa circonférence. Nous avons
démontré aussi que cet objet est exempt d'iris &
bien terminé, lorsqu'il est appliqué contre le
prisme à travers lequel on l'apperçoit. Nous
avons démontré encore que les iris dont il paroît bordé, dans le premier cas, peuvent être
aisément supprimées. Démontrons que ces iris
ne sont pas moins apparentes à œil nud qu'au
travers de différens milieux à surfaces inclinées.

Qu'on regarde à travers un petit trou (1) *fait*   Exp. 14.
à une carte, ou à travers un prisme mince, un ob-
jet quelconque, placé à 20, 30, 40 *pieds de dif-*

______

(1) D'une ligne.

tance ; les phénomènes feront exactement femblables.
Mais pour mieux affurer le fuccès de l'expérience,
il faut que l'axe vifuel rafe le bord du trou de la
carte, du côté où l'objet eft placé, & que la carte
foit près de l'œil.

Or fi cet objet eft une épingle noire perpendi-
culaire à l'horifon ; vue contre le ciel, elle pa-
roîtra couverte de trois bandes colorées, comme fi
elle étoit vue au travers d'un prifme dont l'axe
fût auffi perpendiculaire à l'horifon. L'ordre des
couleurs deviendra inverfe à mefure que l'axe vi-
fuel paffera d'un bord à l'autre de ce diaphragme ;
comme il le devient lorfque le fommet de l'angle ré-
fringent eft tourné à droite ou à gauche.

Si c'eft une épingle blanche ; vue fur fond noir,
elle offrira les couleurs du fpectre.

Si c'eft la flamme d'une bougie ; à l'un des côtés,
elle paroîtra liferée de rouge & de jaune ; de bleu
& de violet, à l'autre côté : comme fait une furface
blanche vue fur fond noir.

Si c'eft une furface noire, vue fur fond blanc :
l'ordre des couleurs fera inverfe.

Puis donc que les objets vus à travers un
petit (1) trou, paroiffent bordés ou couverts

____

(1) Ces expériences exigent quelque adreffe. Comme
il importe de prêter beaucoup d'attention aux phénomènes ; on fera bien de fe tenir dans une chambre

d'iris, comme s'ils étoient vus à travers un prifme mince ; les réfractions prifmatiques ne font pas la caufe de ces phénomènes. La lumière ne fe décompofe donc pas en fe réfractant, & les rayons hétérogènes ne font pas différemment réfrangibles.

Ces preuves, Meffieurs, font victorieufes ; il en eft pourtant de plus triomphantes encore.

CINQUIEME CLASSE.

Si les iris qui paroiffent couvrir un objet lumineux vu fur un fond quelconque, au travers d'un prifme, viennent toujours des rayons réfléchis (1) par ce fond, puis déviés & décompofés autour de cet objet ; les iris qui paroiffent dans le champ de lumière d'un faifceau de rayons folaires, tranfmis à petite diftance par un prifme, viennent auffi de la déviation & de la décompofition d'une partie de ces rayons autour du Soleil & aux bords du

---

obfcure, & de regarder par un petit trou fait au volet les objets du dehors, convenablement éclairés.

(1) Fût-il noir : il eft de fait que les corps les plus noirs réfléchiffent toujours certaine quantité de lumière blanche ; car, même avec le jayet, on peut faire de paffables miroirs.

trou deftiné à leur livrer paffage. Or, du mélange de ces rayons déviés, décompofés & réfractés, réfultent les teintes du fpectre. —— Il
eft vrai, dira-t-on fans doute, que la lumière
fe décompofe toujours en paffant le long des
corps : mais à voir la foibleffe des teintes produites dans l'expérience de Grimaldi, quelle
apparence que les couleurs éclatantes du fpectre
viennent de la même caufe? ——Pour fentir le peu
de poids de cette objection, il fuffit de comparer la denfité de la lumière dans le faifceau
des rayons folaires tranfmis au prifme par un
trou de quatre lignes, à la rareté de la lumière
dans le pinceau des rayons folaires tranfmis par un
trou d'épingle, au fond d'une chambre obfcure.

Les teintes du fpectre, ai-je dit, réfultent
uniquement du mélange des rayons déviés &
décompofés autour du foleil, & aux bords du
trou qui leur livre paffage, puis réfractés par
le prifme qu'ils traverfent ; & cela eft très-vrai.
Mais comme les hétérogènes ne fe féparent qu'en
vertu de l'attraction que tout corps exerce avec
plus d'énergie fur les uns que fur les autres,
comme le nombre de leurs couches augmente
avec la groffeur du faifceau, & comme de
grandes réfractions jettent au milieu du champ
ceux des bords; il eft extrêmement difficile, ou
plutôt impoffible, de féparer dans le fpectre

formé par un prisme ordinaire (1), les rayons décomposés de la circonférence du faisceau, des rayons près de l'axe qui n'ont souffert aucune décomposition. Rien de si facile toutefois que de les séparer dans le spectre formé par un prisme au-dessous de 40 degrés.

Ainsi, après avoir fait passer un faisceau de rayons solaires de 12 à 15 lignes de diamètre, à travers un prisme de 10 degrés, convenablement placé pour que les réfractions à ses surfaces soient égales ; qu'on projete ces rayons sur un carton blanchi, interposé à 15 pieds de distance, ils formeront un champ de lumière un peu oblong, blanc au milieu, & circonscrit de larges croissans colorés. Qu'au moyen d'un disque de papier noir, percé d'un trou d'une ligne, & interposé à un pouce du prisme, on donne successivement passage aux rayons qui forment la partie blanche du champ ; ils offriront constamment les mêmes phénomènes que le faisceau entier, à cela près que leur champ sera beaucoup plus petit.

Exp. 15.

Fig. 1.

Jusqu'ici, Messieurs, cette expérience semble étayer le système que je combats : mais daignez me suivre encore quelques momens, & elle nous donnera pour résultats de nouveaux faits qui le sappent sans ressource : faits inconnus jusqu'à ce

---

(1) Prisme de verre solide, de 62 à 64 degrés.

jour : fi neufs, qu'on peut à peine les croire ; & fi décififs, qu'à leur vue les plus zélés défenfeurs de ce fyftême feront réduits au filence.

Exp. 16. *Au carton fur lequel les rayons font projetés, qu'on fubftitue un grand diaphragme (1) de 15 lignes d'ouverture, de manière à intercepter les croiffans colorés, & qu'on projete enfuite les rayons de la partie acolore fur le carton interpofé à 15 pieds de diftance ; ils y formeront encore un champ un peu ovale, blanc au milieu, & circonfcrit de croiffans colorés, femblables aux précédens, à l'étendue de leurs teintes près. Alors, qu'au moyen d'un troifième diaphragme de 5 à 6 lignes d'ouverture on fupprime ces nouveaux croiffans, qu'enfuite on projete les rayons du milieu fur le carton blanchi, placé perpendiculairement à leur axe, 10, 20, 30 pieds*

Fig. 2. *plus loin ; on aura un champ circulaire & acolore, mais environné d'une pénombre & d'une auréole, comme il le feroit s'il n'y avoit point de prifme interpofé.* —— Puis donc que le champ de lumière eft conftamment ovale & circonfcrit de croiffans colorés, en quelqu'endroit qu'on interpofe le premier diaphragme ; & puifqu'il devient conftamment circulaire & acolore, quand on en fépare les croiffans colorés au moyen de plu-

____

(1) Difque de carton, d'un pied en diamètre, & percé d'un trou au milieu.

leurs diaphragmes de plus grande ouverture ; ses couleurs, conféquemment celles du fpectre, viennent indubitablement des rayons de la circonférence du faifceau folaire, c'eft-à-dire, des rayons décompofés autour du foleil & aux bords du trou qui leur livre paffage (1).

Qu'on fupprime le premier diaphragme, les phénomènes feront identiques. Ils le feront pareillement, ſi le faifceau n'a que 3 lignes en diamètre, & ſi à 20 pieds de diſtance on interpoſe un ſeul diaphragme, dont l'ouverture ne tranſmette (2) que les rayons du milieu, vînt-on même à les projeter à 100, 200, 300 pieds de diſtance. Exp. 17.

Le champ de lumière reſte donc circulaire & acolore, quand au moyen d'un fimple diaphragme, on fupprime totalement les rayons décompofés autour du foleil, & aux bords du trou fait au volet pour les tranfmettre au prifme.

Après avoir introduit dans la chambre obfcure les rayons folaires par un trou d'épingle, qu'à quelques pouces du priſme qui les tranſmet, on inter- Exp. 19.

---

(1) Elle peut avoir jufqu'à fix lignes en diamètre.

(2) Je dis, & aux bords du trou qui leur livre paffage ; car les rayons acolores du champ reproduifent toujours de nouveaux croiffans colorés, lorfqu'on les fait paffer par un fecond prifme.

poſe un diaphragme de 3 lignes d'ouverture ; & qu'on projete ſur le carton blanchi, placé à 20 pieds du diaphragme, les rayons du milieu du faiſceau ; leur champ ſera parfaitement circulaire & acoloré : qu'enſuite on place le carton à 30, 40, 50 pieds de diſtance ; ils offriront un ordre de phénomènes entièrement oppoſés à ceux du ſpectre. Non-ſeulement leur champ ne ſera point ovale & couvert de croiſſans colorés : mais il ſera circulaire, & circonſcrit d'une auréole à pluſieurs zones de différentes couleurs ; diſpoſées en cercles concentriques, comme il le ſeroit s'il n'y avoit point de priſme interpoſé.

Fig. 3.

Les phénomènes ne changent point, quoique les réfractions priſmatiques deviennent beaucoup plus conſidérables.

Exp. 19.

Qu'au travers d'un priſme de verre ordinaire, très-pur, de 30 à 40 degrés (1), on faſſe paſſer un petit faiſceau de (2) rayons ſolaires : qu'on les projete enſuite ſur le carton blanchi, placé à 20 pieds ; ils formeront un champ de lumière

---

(1) A égale inclinaiſon de la première ſurface réfringente, la longueur du ſpectre formé par un pareil priſme a la moitié ou les deux tiers de celle du ſpectre ordinaire, le mieux développé.

(2) De trois lignes.

très-ovale & entièrement couvert des couleurs du spectre. Qu'on substitue au carton un diaphragme de 4 lignes pour ne laisser passer que les rayons de la teinte du milieu ; ces rayons projetés à toute distance, perpendiculairement à leur axe, formeront un champ circulaire, mais d'un blanc légèrement verdâtre (1). Qu'à 30 pieds du premier diaphragme on en place un second de 2 lignes d'ouverture, pour donner passage aux rayons du milieu, & qu'on les projete ensuite à une distance quelconque sur le carton blanchi ; ils formeront un champ circulaire & acolore (2), mais terminé par une auréole bleuâtre & une couronne de zones colorées concentriques, comme s'il n'y avoit point de prisme interposé.

Lorsque le trou qui donne passage aux rayons immédiats n'a qu'un quart de ligne en diamètre : le

---

(1) Ce champ est presqu'entièrement formé de rayons non décomposés. Quand la suite de l'expérience ne le démontreroit pas, il seroit facile de le prouver, en les fesant passer par un second prisme ; car, après leur émergence, ils forment constamment un spectre avec toutes ses teintes.

(2) Pour que l'expérience réussisse parfaitement, il faut incliner le prisme aux rayons solaires, de manière que le spectre soit fort allongé : circonstance d'ailleurs la plus favorable au système que je combats ; car alors les rayons hétérogènes devroient être le plus séparés les uns des autres par les réfractions prismatiques.

champ eſt fort petit, circulaire & acolore ; mais l'auréole en eſt bleue.

Lorſque le ſecond diaphragme eſt à 10 pieds du premier ; on voit, au milieu du champ, deux couronnes autour d'un point blanc ; & une ſeule couronne autour d'un point noir, lorſque le ſecond diaphragme eſt à 20 pieds du premier.

Fig. 4.

Si par une ſuite du mouvement du Soleil ou plutôt de la Terre, les ſeuls rayons rouges ſont tranſmis par les diaphragmes ; leur champ ſera rouge auſſi ; mais les couronnes paroîtront toujours différemment colorées (1).

Enfin les phénomènes ſont identiques, quoique le priſme ait de 60 à 64 degrés ; pourvu toutefois que le faiſceau ſoit préalablement tranſmis par un verre propre à étendre le champ de lumière, c'eſt-à-dire à écarter les rayons de la circonférence, des rayons du milieu.

Exp. 20.

Lors donc qu'après avoir fait paſſer un faiſceau de rayons ſolaires par une lentille convexe, ſi on en reçoit le foyer ſur un priſme équiangle ; au lieu de ſpectre on aura un champ de lumière, ovale & bordé de larges croiſſans colorés. Si on ſupprime ces croiſſans au moyen d'un diaphragme

---

(1) C'eſt-là une preuve des plus complettes que chaque couleur du ſpectre contient des rayons non décompoſés.

de

de 15 à 20 lignes d'ouverture, interposé à trois pieds du prisme ; les rayons du milieu projetés à 20, 30, 40 pieds de distance, formeront un champ plus ou moins étendu, mais parfaitement circulaire (1) & parfaitement acolore ; comme s'il n'y avoit ni lentille ni prisme interposés.

Les mêmes résultats ont lieu, quoique le faisceau des rayons transmis par le milieu de la lentille soit (2) si petit, que le champ de lumière paroisse tout couvert des teintes du spectre ; & cela en fesant passer à 10 ou 12 pieds du volet, par un diaphragme de quelques lignes d'ouverture, les rayons de la teinte jaune.

Exp. 21.

Il eſt donc hors de doute que les teintes du

---

(1) Devenu circulaire par l'interpoſition du diaphragme, le champ reſte tel à très-peu près, quelle que ſoit la poſition du priſme mince : d'où il ſuit que les différentes figures que prend le champ de lumière, par la différente inclinaiſon des ſurfaces réfringentes, viennent uniquement des rayons qui forment ces croiſſans, c'eſt-à-dire, des rayons déviés & décompoſés autour du ſoleil & aux bords oppoſés du trou qui leur donne paſſage. Or, c'eſt par l'axe ſeul de ces rayons qu'il faut déterminer les réfractions priſmatiques ; non ſur ceux de la teinte verte du ſpectre, comme on l'a pratiqué juſqu'ici.

(2) On diminue ce faiſceau, au moyen d'un diſque de carton, percé d'un trou de demi-ligne, & placé derrière le milieu de la lentille.

K.

fpectre font uniquement produites par le mélange des rayons folaires déviés & décompofés
autour de l'aftre & à la circonférence du trou
qui les tranfmet au prifme; puifqu'à l'aide d'un
fimple diaphragme on les fépare à volonté
des rayons au centre du faifceau, qui n'ont
fouffert aucune décompofition. Or la preuve la
plus triomphante que les rayons hétérogènes
ne font pas différemment réfrangibles, c'eft que
les rayons du milieu de ce faifceau font toujours acolores après leur émergence de la dernière furface réfringente, comme ils le font à
leur incidence fur la première. De quelque manière qu'on étudie la Nature, ces phénomènes
font invariables : ils ne tiennent donc ni à l'appareil des inftrumens employés à développer le
jeu de la lumière, ni à des caufes accidentelles;
mais à la déviation & à la décompofition des
rayons blancs qui paffent à certaine diftance des
corps : principe unique de toutes les couleurs
que préfente le fpectacle de l'Univers.

Les faits que je viens de mettre fous vos
yeux, Meffieurs, font fi fimples, fi uniformes,
fi conftans, fi décififs, qu'il eft impoffible de
ne pas foufcrire aux conféquences que j'en ai
tirées. A leur vue, les défenfeurs les plus in-

Fig. 2.

Fig. 1.

Fig. 4.

Fig. 3.

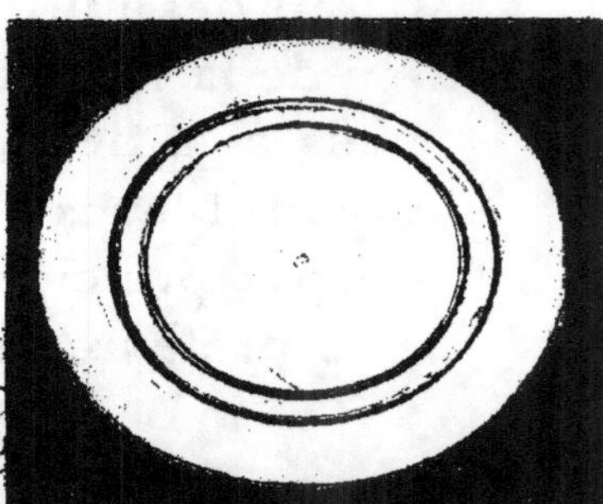

Fig. 2. Fig. 1.

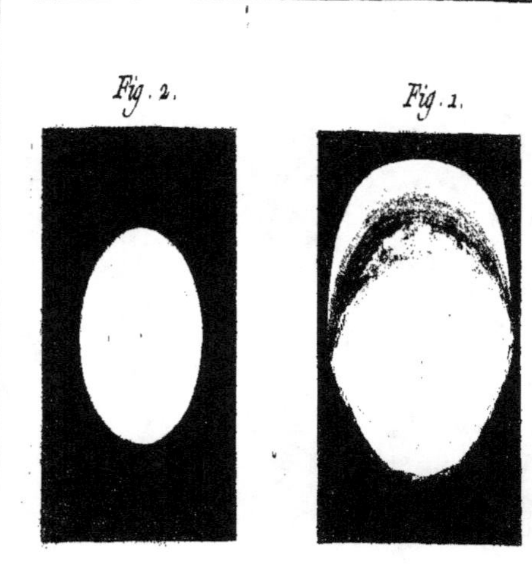

Fig. 4. Fig. 3.

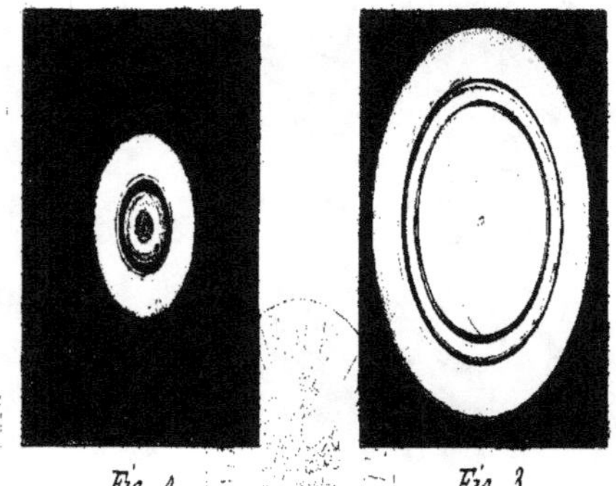

trépides du fyftême de la différente réfrangibilité doivent refter fans réponfe, l'Auteur lui-
même eût été le premier à l'abandonner. Exa-
minez fa IIIe Expérience, cette Expérience fameufe qui fert de bafe à fa doctrine, & vous
reconnoîtrez que les réfultats des miennes font
précifément ceux qu'il déduifit de l'égale réfraction des rayons immédiats du foleil aux furfaces
du prifme; réfultats qui, felon lui, auroient
lieu infailliblement, fi les rayons hétérogènes
étoient tous également réfrangibles. Ainfi ce grand
homme a couronné d'avance la vérité de mes
preuves, & mis le fceau de l'évidence à ma démonftration. Après des faits auffi tranchans, je
ne vous ferai pas l'injure de croire que vous
exigiez d'autres preuves du peu de folidité du
fyftême que je combats : les fondemens une
fois fappés, le moyen que l'édifice entier ne
tombe pas en ruine !

N'en doutez pas, Meffieurs, c'eft pour avoir
négligé de tenir compte de la déviation & de la
décompofition des rayons autour des corps, que
Newton n'a pu parvenir à rendre raifon des phénomènes qu'elles préfentent. Ce premier point
manqué, il ne fit que s'égarer de fyftême en fyftême : fur celui de la différente réfrangibilité des

rayons hétérogènes, bâtiſſant ceux de la différente réflexibilité, & des accès de facile tranſmiſſion & de facile réflexion; on le vit ſou-
mettre à des lois bizarres le mouvement ſi régulier de la lumière, admettre dans chaqu
corps deux forces contraires (1), exercées ſu
elle en même temps, flotter d'inconſéquence
en inconſéquences, recourir au merveilleux
& perdre ſans retour les traces du vrai. Exempl
mémorable des erreurs ſans nombre où s'enfon
cent les plus profonds Scrutateurs de la Nature
lorſqu'ils négligent les moindres phénomènes
& qu'ils oublient d'analyſer les faits.

Peu-à-peu les erreurs de Newton ſont de
venues celles de preſque tous les Phyſiciens d
monde; & quand elles n'auroient fait qu'en
chaîner les eſprits, arrêter la marche du génie
retarder la connoiſſance des merveilles de l
viſion : un ſiècle entier, irrévocablement perd
pour les progrès de la ſcience, ſeroit déjà matiè
aux plus vifs regrets.

Mais quelles pertes n'ont pas été la ſuite d
ces brillantes illuſions ! La conſtruction des in
trumens Dioptriques eſt uniquement fondée ſu
les lois de l'Optique; des progrès de la ſcienc
dépendent les progrès de l'art, & à voir le ca

---

(1) La force attractive & la force répulſive.

hos ténébreux où elle eſt encore plongée, que feroit-il aujourd'hui, qu'une routine aveugle ? Quels avantages toutefois n'a-t-on pas droit d'attendre de ces inſtrumens ? & quels avantages n'en auroit-on pas tiré, s'ils avoient été portés à leur perfection ? Sans parler des moyens qu'ils fourniſſent de remédier aux défauts de la vue, qui ne fait qu'ils font deſtinés à ſuppléer à ſa foibleſſe & à ſon peu d'étendue, en ſoumettant à l'œil des objets qui lui échapperoient par leur éloignement ou leur petiteſſe ! D'ailleurs peu de ſciences, peu d'arts pourroient ſe paſſer de leurs ſecours : c'eſt à eux que les Anatomiſtes, les Naturaliſtes, les Aſtronomes, &c. doivent leurs obſervations les plus délicates, & c'eſt d'eux ſeuls qu'ils ſemblent attendre leurs dernières découvertes.

Le ſommeil de la vérité a été fort long, ſans doute ; mais il pouvoit être plus long encore. Grace à votre zèle courageux, Meſſieurs, vous avez profité des premiers rayons qu'elle a fait luire à ſon réveil, pour remettre en queſtion la doctrine de la différente réfrangibilité qui ſert de baſe à la théorie de ces inſtrumens précieux. Animé de votre zèle, je me ſuis livré à de profondes recherches ſur la lumière, j'ai porté dans le ſyſtême de Newton le flambeau de l'analyſe, j'en ai découvert les fondemens ruineux ; & je m'applaudirai doublement de mes efforts, si mon travail est jugé digne de vos suffrages.

Enfin, Messieurs, la doctrine de la différente réfrangibilité, devenue le fondement de la Dioptrique & du système des Couleurs, tient à tous les phénomènes de la vision : ce point changé, l'Optique, dès-lors ramenée aux élémens, doit prendre une face nouvelle. Ainsi en proposant la discussion de ce point capital, vous avez provoqué une révolution frappante dans la plus sublime des sciences exactes. Le dirai-je ? plusieurs Sociétés savantes se font empressées à l'envi de suivre votre exemple : mais elle aura été consacrée dans votre sein, & j'en ferai l'heureux instrument.

MÉMOIRE

Sur l'explication de l'Arc-en-Ciel donnée par Newton :

Envoyé au Concours ouvert par la Société Royale des Sciences de Montpellier, en Octobre 1786.

Ne semper in verba Magistri.

K 4

MÉMOIRE.

PROGRAMME.

« *L'explication de l'Arc-en-ciel donnée par*
» *Newton, porte-t-elle sur des principes*
» *incontestables ; & est-il bien démontré*
» *que les rayons hétérogènes, supposés*
» *émergens du nombre infini de goutes de*
» *pluie qui tombent de la nue, doivent*
» *former des arcs séparés ?* »

DES différens phénomènes que produit la décomposition de la lumière, il n'en est point d'aussi frappans, d'aussi beaux, d'aussi majestueux, que ces grands arcs colorés qui paroissent contre la voûte du ciel, lorsque le soleil darde ses rayons sur une nuée qui fond en eau. Vastes zones, dont l'améthiste, le saphir, l'émeraude,

la topaze, le rubis femblent former le brillant
tiffu. Quelle pompe elles étalent !

Moins merveilleufes par leur étendue & leur
éclat que par leur origine , elles furent de tous
temps un objet d'admiration & de curiofité. Les
premiers hommes les avoient divinifées fous le
nom *d'Iris* , les Poëtes de toutes les Nations les
célébrèrent dans leurs chants , & les Philofo-
phes s'efforcèrent d'en découvrir la caufe.

L'arc-en-ciel eft fouvent double , quelquefois
triple , rarement quatruple. Comme il paroît
prefque toujours lorfqu'il pleut & que le foleil
luit , les anciens avoient foupçonné qu'il réfulte
des rayons folaires réfractés & réfléchis vers
l'œil du fpectateur par des goutes de pluie. L'explication de fa forme & de fes couleurs fut
néanmoins une énigme infoluble , pendant une
longue fuite de fiècles.

Antoine de Dominis , Archevêque de Spalato , eft le premier (je penfe) qui ait travaillé
à la ramener aux lois de l'Optique (1). Au moyen
de quelques expériences faites au foleil avec
un globe de verre plein d'eau , il prétendit prouver que d'un arc double l'intérieur eft produit

----

(1) Voyez fon ouvrage *De radiis vifûs & lucis.*

par deux réfractions & une réflexion intermédiaire ; l'extérieur par deux réfractions & deux réflexions intermédiaires : ce qui au fond ne rend raifon de rien.

Defcartes adopta les idées de l'Archevêque de Spalato, & les modifia légèrement (1).

Enfin Newton, partant de fes Expériences prifmatiques, reprit l'explication de ce magnifique phénomène, & entreprit d'en éclaircir géométriquement toutes les circonftances. Il avoit démontré que les couleurs appartiennent uniquement aux rayons hétérogènes dont la lumière eft compofée (2) ; & il croyoit avoir démontré que la lumière fe réfractant aux furfaces d'un prifme, s'y décompofe toujours en vertu de la différente réfrangibilité de ces rayons (3). Nouveaux principes, bien propres à rendre raifon des couleurs de l'arc-en-ciel. Réunis aux lois de la Dioptrique & de la Catoptrique, ils ne parurent pas moins propres à rendre raifon de fa forme, de fes dimenfions, & de fes autres apparences optiques. Newton les foumit donc au calcul, & en forma une démonftration qui a tou-

---

(1) Voyez fon Traité *de Metheoris.*

(2) Voyez la Nouvelle Traduction de fon Optique, vol. 1, Propofition II de la II Partie du Livre I.

(3) *Ibidem.* Prop. I & II de la I Partie du Livre I.

jours paſſé pour un chef-d'œuvre de génie : mais ce n'eſt qu'en fefant parler l'Auteur lui-même qu'on peut donner une idée complette de ſa doctrine.

Fig. 1.   « Pour démontrer la formation de l'arc-en-
» ciel ; ſoit B N F G une goute de pluie ou
» tout'autre corps ſphérique tranſparent, dé-
» crit par le centre C & l'intervalle C N. Et
» ſoit A N un des rayons ſolaires incidens
» ſur cette ſphère en N, où il eſt réfracté ;
» puis prolongé en F, où il eſt réfracté de nou-
» veau, & d'où il ſort ſuivant F V, ou ſe
» réfléchit vers G, pour ſe réfracter au ſortir
» ſuivant G R ; ou bien ſe réfléchir encore vers
» H, pour ſe réfracter & ſortir ſuivant H S,
» coupant le rayon incident A N en Y. Cela
» poſé, prolongez les rayons A N & R G juſ-
» qu'à ce qu'ils ſe rencontrent en X ; abaiſſez en-
» ſuite ſur A X & N F les perpendiculaires
» C D, C E, dont vous prolongerez la pre-
» mière juſqu'à ce qu'elle rencontre la circon-
» férence en L. Enfin menez le diamètre B Q
» parallèlement au rayon incident A N, & faites
» que le ſinus d'incidence (au paſſage des
» rayons de l'air dans l'eau) ſoit au ſinus de
» réfraction comme J à R. Alors ſi vous con-

» cevez le point d'incidence N se mouvant sans
» interruption de B en L; l'arc Q F augmentera
» d'abord & diminuera ensuite, de même que
» l'angle A X R formé par les rayons A N &
» G R. Ainsi l'arc Q F & l'angle A X R seront les
» plus grands, lorsque N D sera à N C, comme
» $\sqrt{11-RR}$ à 3 R R : dans ce cas N E sera à
» N D, comme 2 R à J.

» De même l'angle A Y S, formé par les
» rayons A N & H S, diminuera d'abord, aug-
» mentera ensuite, & deviendra enfin le plus petit,
» lorsque N D sera à C N, comme $\sqrt{11-RR}$
» à $\sqrt{8}$ R R : dans ce cas, N E sera à N D,
» comme 3 R est à J.

» De même aussi l'angle formé par le rayon
» émergent après trois réflexions, & par le
» rayon incident A N, parviendra à sa limite;
» lorsque N D sera à C N, comme $\sqrt{11-RR}$
» à $\sqrt{15}$ R R : dans ce cas N E sera à N D,
» comme 4 R est à J.

» De même encore l'angle formé par le
» rayon émergent après quatre réflexions, &
» par le rayon incident A N, parviendra à
» sa limite; lorsque N D sera à N C, comme
» $\sqrt{11-RR}$ est à $\sqrt{24}$ R R : dans ce cas N E
» sera à N D, comme 5 R est à J. Ainsi de suite
» à l'infini; les nombres 3, 8, 15, 24, &c. se

» formant par l'addition continuelle des termes
» de la progreſſion arithmétique 3, 5, 7, 9, &c.
» Ce que les Mathématiciens concevront ſans
» peine.

» Obſervons ici que ces angles arrivant à
» leurs limites par l'augmentation de la diſtance
» C D, leur quantité ne varie que fort peu du-
» rant quelque temps : ainſi, les rayons qui
» tombent ſur tous les points N du quart de
» cercle B L, ſortiront en plus grand nombre
» dans les limites de ces angles que ſous toute
» autre inclinaiſon.

» Obſervons encore que les rayons différem-
» ment réfrangibles, ayant des angles différem-
» ment limités, ſortiront (ſuivant leur degré de
» réfrangibilité) en plus grand nombre de diffé-
» rens angles : alors ſéparés les uns des autres,
» ils paroîtront chacun ſous leur propre cou-
» leur.

» Si on vouloit déterminer ces angles, on y
» parviendroit aiſément d'après le Théorème
» qui précède. Car les ſinus J & R, pour les
» rayons les moins réfrangibles, ſont 108 &
» 81 : d'où il réſulte par le calcul que le plus
» grand angle A X R eſt de 42° 2′; & le plus
» petit angle A Y S de 50° 57′. Mais pour les
» rayons les plus réfrangibles, les ſinus J & R ſont
» 109 & 81 : d'où il réſulte que le plus grand

» angle A X R eſt de 40° 17′ ; & le plus petit
» angle A Y S, de 54° 7′.

» L'œil du ſpectateur étant placé en O, &
» O P étant mené parallèlement aux rayons ſo-
» laires ; ſoient donc P O E, P O F, P O G,
» P O H, des angles de 40° 17′, de 42° 2′, de
» 50° 57′, & de 54° 7′, reſpectivement : il eſt
» clair que ces angles étant ſuppoſés tourner au-
» tour de leur côté commun O P, leurs autres
» côtés O E, O F, O G, O H décriront les
» bords de deux arcs-en-ciel A F B E & C H D G.
» Car ſi E, F, G, H, ſont des goutes de pluie
» placées en quelque endroit que ce ſoit des ſur-
» faces coniques décrites par O E, O F, O G,
» O H ; & ſi elles ſont éclairées par les rayons
» ſolaires S E, S F, S G, S H ; l'angle S E O
» (étant égal à l'angle P O E qui eſt de 40° 17′)
» ſera le plus grand ſous lequel les rayons les
» plus réfrangibles puiſſent émerger après une
» réflexion ; par conſéquent toutes les goutes
» qui ſe trouvent ſur la ligne O E, enverront
» à l'œil ces rayons en plus grand nombre poſſi-
» ble : par ce moyen le violet le plus foncé ſera
» vu en cet endroit.

» De même l'angle S F O (étant égal à l'angle
» P O F qui eſt de 42° 2′) ſera le plus grand
» ſous lequel les rayons les moins réfrangibles
» puiſſent émerger des goutes après une ré-

Fig. 2.

» flexion ; par conséquent toutes les goutes qui
» se trouvent sur la ligne O F enverront à l'œil
» le plus grand nombre possible de ces rayons :
» par ce moyen le rouge le plus foncé paroî-
» tra en cet endroit.

» Par la même raison les goutes situées entre
» E & F enverront à l'œil le plus grand nombre
» possible des rayons de réfrangibilité moyenne,
» où ils feront appercevoir les couleurs inter-
» médiaires. Ainsi , de E en F les couleurs de
» l'Iris paroîtront dans cet ordre : violet, indi-
» go, bleu, vert, jaune, orangé & rouge. Mais
» le violet, étant mêlé avec la lumière blanche
» des nuées, paroîtra foible & tirant sur le
» pourpre.

» D'une autre part , l'angle S G O (étant égal
» à l'angle P O G, qui est de 50° 57′) sera
» le plus petit angle sous lequel les rayons les
» moins réfrangibles puissent émerger des goutes
» après deux réflexions : par conséquent ces
» rayons viendront à l'œil en plus grand nombre
» possible des goutes qui se trouvent sur la ligne
» O G, où ils feront paroître le rouge foncé.
» Pareillement l'angle S H O (étant égal à l'angle
» P O H, qui est de 54° 7′) sera le plus petit
» angle sous lequel les rayons les plus réfran-
» gibles puissent émerger après deux réflexions :
» par conséquent ces rayons viendront à l'œil
» en

» en plus grand nombre poffible des goutes
» qui fe trouvent fur la ligne O H , & y feront
» paroître le violet foncé. De même les goutes
» qui font entre G & H tranfmettront les rayons
» des couleurs intermédiaires fuivant leurs de-
» grés de réfrangibilité. Ainfi, de G en H,
» les couleurs de l'Iris paroîtront dans cet ordre :
» rouge, orangé, jaune, vert, bleu, indigo
» & violet. Comme les lignes O E , O F , OG,
» O H , peuvent être fituées en quelque en-
» droit que ce foit des furfaces coniques dont
» il eft queftion; ce qui vient d'être dit des
» goutes & des couleurs qui fe voient fur ces
» lignes , doit être appliqué aux goutes & aux
» couleurs qui font en tout autre endroit de
» ces furfaces.

» C'eft ainfi que fe formeront deux arcs co-
» lorés : l'un interne , compofé des plus vives
» couleurs par une feule réflexion ; l'autre ex-
» terne , compofé de couleurs plus foibles par
» deux réflexions , car la lumière réfléchie plu-
» fieurs fois va toujours en s'affoibliffant.

» Les couleurs refpectives de ces arcs feront
» dans un ordre inverfe; le rouge paroiffant
» toujours à leurs bords les plus proches, &
» le violet à leurs bords les plus éloignés.

» La largeur apparente de l'arc interne E O F,
» mefuré en travers , fera de 1° 45', & celle de

L

» l'arc externe G O H, de 3° 10′. Quant à leur
» diftance G O F, elle fera de 8° 55′ : le plus
» grand demi-diamètre de l'arc interne (c'eft-
» à-dire l'angle P O F) de 42° 2′ ; & le plus pe-
» tit demi-diamètre de l'arc externe P O G
» de 50° 57′.

» Telles feroient les vraies mefures, fi le fo-
» leil n'étoit qu'un point : mais à raifon du dia-
» mètre apparent de cet aftre, la largeur des
» arcs doit augmenter d'un demi-degré, & leur
» diftance réciproque diminuer d'autant. Ainfi,
» la largeur de l'Iris interne fera de 2° 15′ ;
» celle de l'Iris externe, de 3° 40′ ; leur dif-
» tance réciproque, de 8° 25′ ; le plus grand
» demi-diamètre du premier de 42° 17′, & le plus
» petit demi-diamètre du dernier, de 50° 42′. Ce
» qui paroît à-peu-près d'accord avec l'ex-
» périence, quand les couleurs font bien mar-
» quées.

» Cette explication de l'arc-en-ciel eft con-
» firmée par une expérience de Marc-Antoine
» de Dominis & de Defcartes : expérience qui
» confifte à fufpendre, au moyen d'une poulie,
» un globe de verre plein d'eau, à l'expofer
» au foleil au fond d'une chambre, & à placer
» l'œil de façon que les rayons émergens for-
» ment avec les rayons incidens un angle de
» 42° ou de 50°. Or, fi l'angle eft de 42° à

» 43°, le spectateur placé en O, verra du
» rouge fort vif sur le côté du globe oppofé
» au foleil, comme cela eft repréfenté en F :
» & fi on diminue cet angle en fefant def-
» cendre le globe jufqu'en E, d'autres cou-
» leurs paroîtront fucceffivement; favoir, le
» jaune, le vert, le bleu, &c. Mais quand on
» fait cet angle d'environ 50°, en hauffant le
» globe jufqu'à G, il paroît du rouge fur le
» côté oppofé au foleil : & quand on fait l'angle
» encore plus grand, en hauffant le globe juf-
» qu'en H; le rouge paffe fucceffivement au
» jaune, au vert, au bleu, &c. Les phénomènes
» font les mêmes, quoique le globe foit immo-
» bile; pourvu qu'on baiffe ou qu'on hauffe
» l'œil, pour avoir des angles de grandeur con-
» venable ».

Telle eft l'explication que Newton donne de
l'arc-en-ciel, explication où l'on retrouve toujours le grand Géomètre, quoique la fcience
& la dialectique du Phyficien y foient fouvent
en défaut.

Mais quoi, entreprendre de renverfer une
doctrine avec laquelle les phénomènes femblent s'accorder fi bien, & dont on ne ceffe
d'exalter le fublime, paroîtra fans doute témé-
raire, peut-être même infenfé ! Je ne puis me

Fig. 2.

diſſimuler, Meſſieurs, combien eſt délicate la
tâche que j'entreprends, & quel déſavantage
auroit un Novateur, s'il ne comptoit parmi ſes
Juges que d'aveugles partiſans du ſyſtême qu'il
combat. Mais après l'exemple que vous venez
de donner au monde ſavant, pourrois-je craindre
encore ? Plein de confiance en vos lumières,
je ne balancerai donc plus à faire paſſer ſous
vos yeux les preuves frappantes qui doivent
aſſurer le triomphe des vérités nouvelles que
j'ai à établir; & afin de les mettre dans un
plus beau jour, qu'il me ſoit permis d'inter-
vertir l'ordre des queſtions que vous avez pro-
poſées.

PREMIÈRE PARTIE.

« *Eſt - il bien démontré que les rayons hété-*
» *rogènes, ſuppoſés émergens du nombre*
» *infini de goutes de pluie qui tombent*
» *de la nue, doivent former des Arcs*
» *ſéparés ?* »

Newton prétend expliquer rigoureuſement toutes les circonſtances du phénomène : en le ſuivant pas à pas, il me feroit facile, Meſſieurs, de prouver qu'il n'en explique aucune ; je me bornerai toutefois, ſuivant votre vœu, à celles qui ont trait à la figure & au nombre des Iris ; & je me ſervirai, pour combattre ſa doctrine, des argumens mêmes dont il ſe ſert pour l'étayer.

Il avance que l'arc-en-ciel ne paroît jamais qu'où il pleut & quand le foleil luit. Sans doute l'arc - en - ciel paroît prefque toujours fur la nappe d'eau que forment les goutes de pluie frappées du foleil en tombant de la nue ; puifque *d'un lieu élevé on voit ſes jambages poſer ſur Terre ;*

& qu'à travers leur voile léger on apperçoit les objets placés au-delà : obſervation que j'ai ſouvent faite à Paris du haut de l'une des tours de S. Sulpice (1). Il eſt conſtant néanmoins que d'aſſez grandes portions de l'arc-en-ciel paroiſſent quelquefois contre des nuages légers, iſolés & coupant ſur un ciel pur à l'horiſon (2).

S'il paroît preſque toujours ſur la nappe d'eau que forme la pluie, c'eſt uniquement parce

***

(1) Le 23 Septembre 1785, à 5 h. 35 m. du ſoir, le Soleil paroiſſant élevé de quelques degrés ſur l'horiſon, je vis le jambage droit d'un bel arc-en-ciel poſer ſur la plaine d'Yvry, éloignée environ de 2000 toiſes à vol d'oiſeau ; & à travers ce jambage j'apperçus diſtinctement les arbres placés au-delà.

(2) Cinq minutes après parut, à 25 ou 26 degrés au-deſſus de l'horiſon, un petit ſegment de cet arc ſur un nuage blanc, d'où il ne tomboit très-certainement point de pluie ; car le ciel étoit azuré au-deſſous : ce nuage agité par le vent altéroit à chaque inſtant la forme de l'Iris.

Le 21 Juillet 1785, à 4 h. 5 m. du ſoir, promenant ſur la terraſſe du Luxembourg, je vis paroître une partie du jambage gauche d'un brillant arc-en-ciel, ſur un nuage gris, iſolé, & d'où il ne tomboit point de pluie, le ciel étant azuré au-deſſous.

Le 22 Juillet 1786, à 5 heures du ſoir, je vis paroître un très-grand ſegment d'un bel arc-en-ciel ſur des nuages d'où il ne tomboit point de pluie, le ciel étant azuré au-deſſous.

qu'elle offre une efpèce de plan, convenablement incliné pour réfléchir les rayons qui concourent à le former : conféquence qui me conduiroit naturellement aux vraies caufes du phénomène; mais je me renferme dans les bornes fixées par le Programme.

L'arc-en-ciel eft ordinairement double, quelquefois triple, quelquefois quadruple. Newton admet comme un fait conftant , fur l'autorité de certaines expériences, que le premier (1) arc eft produit par deux réfractions & une réflexion intermédiaire des rayons que tranfmettent les goutes de pluie; le fecond arc, par deux réfractions & deux réflexions intermédiaires, &c. Quelle multiplicité de caufes pour produire un feul effet ! & comment fe perfuader que la Nature, fi éc;onome dans fes moyens, en emploie de fi compliqués? Voyons toutefois, examinons le jeu de la lumière dans les goutes de pluie, analyfons les expériences à l'aide defquelles l'Auteur effaya d'imiter les apparences optiques de l'arc-en-ciel, ou plutôt fur lefquelles il appuya fa démonftration , & approfondiffons une matière que cet habile Géomètre ne fit qu'effleurer.

____

(1) A compter du centre à la circonférence.

Puisque tout corps diaphane sphérique peut représenter une goute de pluie ; qu'un globe de verre pur (1), mince, rempli d'eau, & exposé aux rayons immédiats du soleil, soit suspendu au fond d'une chambre, de manière qu'on puisse le hausser ou le baisser à volonté : qu'ensuite le spectateur placé entre la croisée & le globe, à distance & hauteur convenables pour que les rayons (2), qui vont de l'astre au globe & qui reviennent du globe à l'œil, fassent des angles, tantôt au-dessus de 40°, tantôt au-dessus de 50°. Tout étant disposé de la sorte (nous dit-on) Fig. 2. si l'angle S F O, formé par ces rayons est de 42° 2′, l'œil placé en O appercevra du rouge fort vif. Alors qu'on abaisse peu-à-peu le globe jusqu'à ce que l'angle S E O ait 40° 17′, l'œil appercevra successivement toutes les couleurs prismatiques depuis le rouge jusqu'au violet.

Au contraire, en élevant le globe jusqu'à ce que l'angle S G O soit de 50° 57′, on verra du rouge fort vif. Enfin, si on continue d'élever peu à-peu le globe jusqu'à ce que l'angle S H O soit de 54° 7′, on verra successivement toutes les couleurs prismatiques.

____

(1) Sans filandres sur-tout.

(2) Il est indifférent que les rayons solaires tombent sur la partie supérieure ou latérale de l'hémisphère anté-

De ces réſultats ſuppoſés vrais (1), on conclut que les rayons ſolaires A N , tombant avec
obliquité ſur le globe B N F G , ſe réfractent
en N , tendent vers F , ſont réfléchis vers G ,
où ils ſe réfractent en paſſant de l'eau dans l'air.
Or , on enſeigne que ces rayons , étant plus
ou moins réfrangibles , doivent conſtamment
ſe décompoſer aux ſurfaces du globe. Ainſi
les rouges ſuppoſés les moins réfrangibles de
tous ſe rendront en t ; les jaunes plus réfrangibles , en p ; les bleus plus réfrangibles encore ,
en r.

De même les rayons S H , tombant avec
obliquité ſur le globe plus élevé que dans le
cas précédent , ſe réfractent en H , tendent
vers G , en ſont réfléchis vers F , puis vers N ,
où ils ſe réfractent en paſſant de l'eau dans l'air.
Et comme ils ſe décompoſent pareillement aux
ſurfaces du globe en vertu de leur différente
réfrangibilité ; les rouges ſuppoſés les moins
réfrangibles ſe rendent en a ; les jaunes plus
réfrangibles , en n ; les bleus plus réfrangibles
encore , en k , &c.

Fig. 3.

Fig. 3.

---

rieur, pourvu que les incidens & les émergens forment
les angles demandés.

(1) Ils ſont fort éloignés d'être tels qu'on les énonce,
comme on le verra ci-après.

Ce qui eſt ſuppoſé arriver aux rayons incidens ſur le globe de verre, eſt ſuppoſé arriver
aux rayons incidens ſur chaque goute de pluie :
telle eſt, à ce qu'on prétend, l'origine des couleurs des Iris.

Aſſurément, les rayons ſolaires qui pénètrent une goute de pluie, peuvent ſe réfracter
à ſes ſurfaces & ſe réfléchir à ſa circonférence
intérieure pluſieurs fois conſécutives ; mais à
chaque nouvelle réfraction & à chaque réflexion
nouvelle, le nombre des rayons tranſmis va toujours en diminuant, juſqu'à ce qu'ils ſoient tous
éparpillés ou éteints. Si ceux qu'on ſuppoſe
former les Iris parvenoient à l'œil après s'être
réfractés & réfléchis autant de fois ; la ſeconde
Iris ſeroit néceſſairement beaucoup plus foible
que la première, ce qui n'arrive pas toujours :
tandis que la troiſième & la quatrième ſeroient
trop foibles pour être apperçues, ce qui n'arrive pas toujours non plus.

Les rayons qui pénètrent une goute de pluie
ne ſauroient changer de direction en ſe réfractant
& en ſe réfléchiſſant, ſans ſuivre les lois de la
Dioptrique & de la Catoptrique : auſſi l'Auteur

a-t-il foin d'y affujetir ceux dont il forme les Iris ; & cette partie de fon travail paroît affurément de main de maître : mais quelque favant que foit fon calcul, les données en font-elles bien juftes ?

Les rayons hétérogènes, féparés par la réfraction aux furfaces des goutes de pluie divergent néceffairement à leur émergence, & s'éparpillent bientôt de tous côtés : comment donc propageroient-ils au loin les couleurs de l'arc-en-ciel ?

Sentant qu'ils ne peuvent émerger en affez grand nombre pour affecter l'organe de la vue, à moins qu'ils n'aient une direction à-peu-près parallèle, Newton s'efforce de la leur donner, & voici comment il s'y prend. Ayant tracé la route d'un rayon folaire réfracté & réfléchi plufieurs fois dans une goute de pluie, avant de parvenir à l'œil, il obferve que fi le point d'incidence, d'abord fuppofé en N, fe meut fans interruption de B en L; ou ce qui revient au même, fi l'angle d'incidence croît depuis zéro jufqu'à 90°, les angles A X R & A Y S, formés par le rayon incident & le rayon émergent prolongés, augmenteront d'abord & diminueront enfuite dans un rapport déterminé ; d'où il conclut que ces angles parvenus à leurs limites varient affez peu durant quelque temps, lorfque

Fig. 1.

la diftance C D vient à augmenter. Ainfi , des rayons qui tombent fur tous les points de B en L , il en fortira un beaucoup plus grand nombre dans les limites de ces angles que dans toute autre inclinaifon. Ce font ces rayons fuppofés parallèles , qu'on regarde comme feuls capables de produire des Iris , & qu'on nomme par cette raifon *rayons efficaces ou générateurs*.

Or , pour être parallèles à leur émergence , il faudroit qu'ils le fuffent à leur incidence ; ce que Newton & fes commentateurs (1) fuppofent conftamment : mais , loin d'être parallèles , les rayons folaires décrivent tous les angles poffibles depuis zéro jufqu'à 32'. D'ailleurs n'eft-il pas de toute impoffibilité qu'ils deviennent jamais parallèles en fe réfractant & en fe réfléchiffant dans des goutes de pluie , vu l'exceffive courbure des furfaces réfringentes & réfléchiffantes ? L'hypothèfe fondamentale , fur laquelle l'Auteur s'étaie , n'eft donc pas fimplement gratuite , mais fauffe. Ne craignons pas de le dire : dans cette hypothèfe , les rayons folaires ne pourroient jamais émerger des goutes de pluie en affez grand nombre

---

(1) Voyez les directions des rayons S H , S G , S F , S E de la XIVe figure de la II Partie du Livre I de l'Optique de Newton : voyez auffi l'Optique de Smith , Traduction Françoife de M. le Roi , page 581.

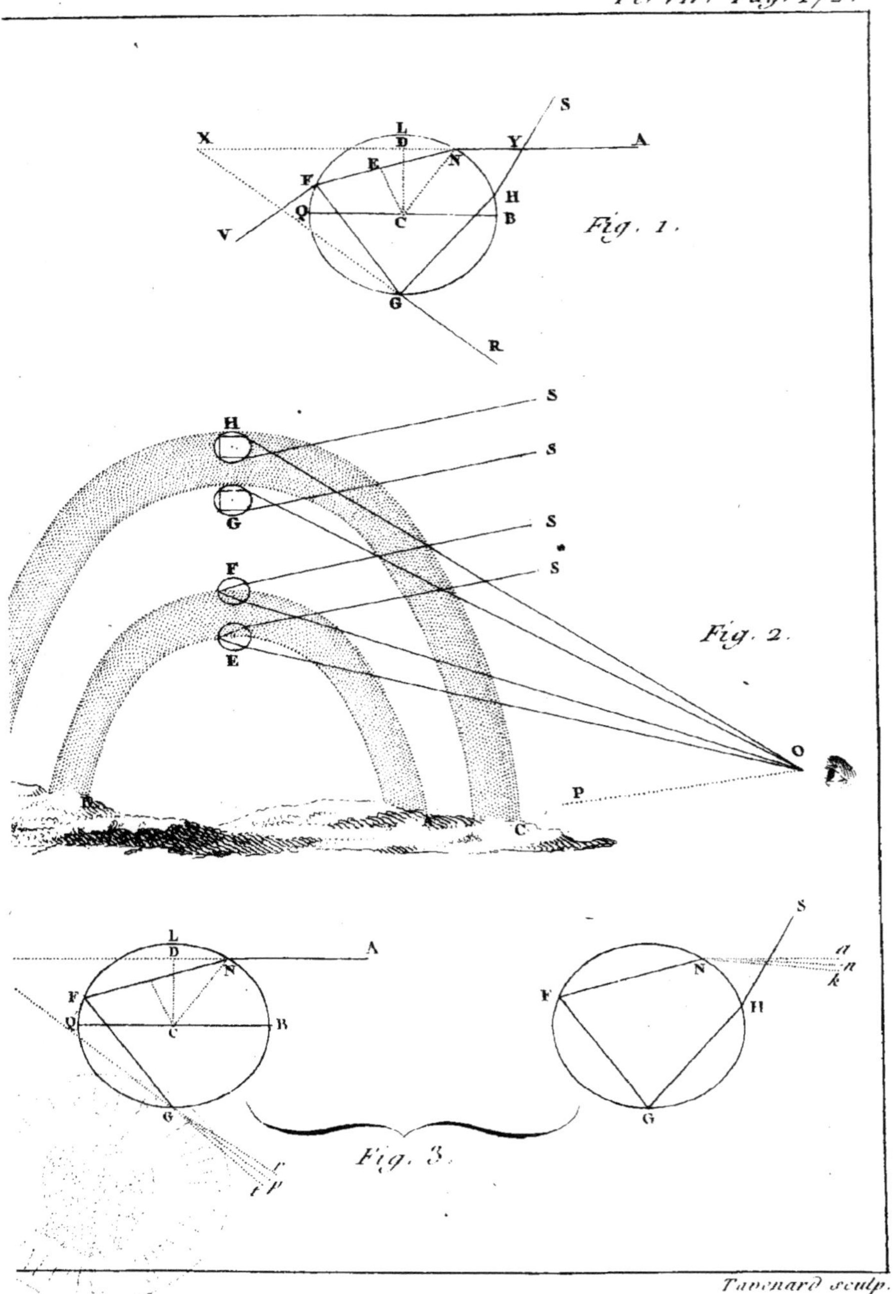

S
X L Y A
D
E N
F
H
Q B
V C
G
R
Fig. 1.

S
s
H
G
S
F
S
E
Fig. 2.
O
P
C

L A
D
F N
Q B
C
G
Fig. 3.
S
a
N n
F k
H
G

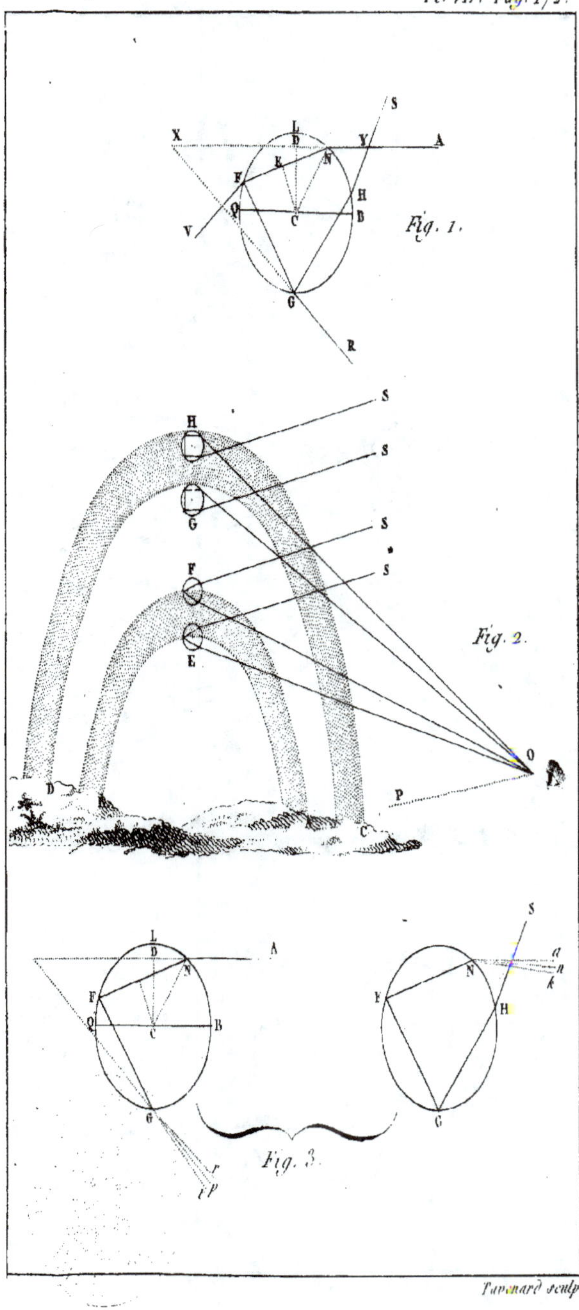

Pl. VII. Pag. 172.
X D Y A
S
L
E N
F
V O C H B
G
R
Fig. 1.
H S
S
G
F S
S
E
O
P
Fig. 2.
L A
D
N
F
O C B
G
S
N a
n
F k
H
G
r
p
Fig. 3.
Tavanard sculp.

pour n'être pas difperfés avant de parvenir à l'œil, fût-il même placé à une diftance cent fois moindre que celle d'où il appercevroit le mieux l'arc-en-ciel ; leur impreffion fur l'organe de la vue feroit donc abfolument nulle.

Les pofitions refpectives du foleil, des goutes de pluie & du fpectateur étant données, il eft clair qu'on peut, comme le fait Newton, amener à l'œil les rayons qu'il fuppofe former chaque Iris ; mais les directions qu'il leur donne font-elles bien celles qu'ils prennent en effet ?

A confidérer le nombre des réflexions qu'il leur fait fouffrir à la circonférence intérieure d'un globe de verre plein d'eau, on fent bien que cela étoit indifpenfable pour leur donner les directions qui lui convenoient le mieux : on s'étonne toutefois qu'il les fuppofe réfléchis, dans des cas où ils n'y font pas déterminés par l'obliquité de leur incidence (1). Pour faire paffer cette fuppofition, il infinue que les rayons

----

(1) Il ne faut pas perdre de vue que dans le fyftême de l'Auteur, la réflexion eft produite par une force répandue à la furface des corps, force qu'il dit changer toujours la réfraction en réflexion, lorfque les rayons incidens ont certaine obliquité.

folaires réfractés par chaque goute de pluie, font difpofés dans certaines circonftances à fe réfléchir & à émerger alternativement : ce qu'il nomme *leurs accès de facile réflexion & de facile tranfmiffion ; ——* effets obfcurs de caufes occultes, qu'aucun fait n'établit, que la raifon réprouve, & que l'expérience dément (1). Admettons néanmoins pour un moment les idées de l'Auteur fur ces accès, prêtons à fon fyftême toute la folidité dont il manque, & déduifons de fes principes les conféquences qui s'offrent le plus naturellement à l'efprit ; nous verrons bientôt tourner contre fa doctrine de l'arc-en-ciel la démonftration même fur laquelle il fe fonde.

En fuppofant l'arc interne produit par des rayons qui dans chaque goute ont fouffert deux réfractions & une réflexion intermédiaire, l'arc externe par des rayons qui ont fouffert deux réfractions & deux réflexions intermédiaires ; il eft manifefte que ces rayons doivent continuer à parvenir à l'œil, tant que les pofitions refpectives du foleil, de la nuée qui fe réfout, & du fpectateur ne font pas changées ; ou plutôt tant qu'elles correfpondent aux rapports des finus

---

(1) Ce n'eft pas encore ici le lieu de la combattre directement.

d'incidence & de réfraction des rayons folaires. L'arc-en-ciel devroit donc être vifible quand il pleut, quelle que fût l'élévation du foleil fur (1) l'horifon, lors même qu'il n'y eft point encore arrivé, lors même qu'il en a difparu, lors même qu'il eft au zénith (2). On devroit donc appercevoir le fommet de l'Iris fupérieure, quelquefois au zénith, quelquefois à l'horifon, & quelquefois au-deffous: ce qui pourtant n'arrive jamais.

Fig. 4, 5, 6, 7, 8, 9, 10 & 11.

Comme fa portion vifible devient toujours

---

(1) Le 16 Août 1786, j'examinai l'état du ciel, de deffus la terraffe de l'Obfervatoire. Il pleuvoit très-fort, & le Soleil élevé de 31 degrés fur l'horifon étoit voilé par des nuages. Quelques minutes après il vint à briller à travers une échappée ; cependant il ne parut point d'Iris. Obfervation que j'avois faite plufieurs autres fois dans des circonftances à-peu-près femblables. Je fupplie le Lecteur de pefer la force de cette preuve négative : car il n'y a point de raifon dans la théorie Newtonienne pour que l'arc-en-ciel ne paroiffe pas, quelle que foit l'élévation du Soleil, tant que fes rayons tombent fur les goutes de pluie avec des inclinaifons propres à donner des angles de 40° 17′, de 42° 2′, de 50° 57′ & de 54° 7′. Ainfi, le Soleil étant élevé de 31° degrés, le fommet de l'arc interne devoit l'être de 9° à 10°, & le fommet de l'arc externe de 22° à 23°.

. (2) Ces figures font celles que l'Auteur emploie à fa démonftration. On s'eft borné à en varier les pofitions pour repréfenter le Soleil à différentes diftances de l'horifon.

plus confidérable (1) à mefure que le foleil approche de l'horifon : d'après les principes de l'Auteur, du fommet d'un lieu élevé, l'arc-en-ciel devroit paroître former beaucoup plus d'un demi-cercle ; & d'un lieu très-élevé, il devroit paroître former un cercle entier, pour peu que la nue qui fond en eau fût diftante du fpectateur. Ce qui pourtant n'arrive jamais, lors même qu'on fe trouve à une hauteur prodigieufe. Obfervation que j'ai faite il y a onze ans, de deffus le fommet d'une montagne de la Principauté de Galles, & que j'aurois fort defiré pouvoir refaire en m'élevant dans un ballon au plus haut des airs (2).

Quelle que foit la direction des rayons folaires; lorfqu'ils tombent fous un angle moindre que 70 degrés, ils traverfent la plupart les goutes de pluie fans fouffrir aucune réflexion (3), l'arc-

______

(1) Voyez là-deffus les notes 956, 957 & 958 du Livre II de l'Optique de Smith, Traduction de M. le Roi.

(2) Si jamais quelque Aéronaute étoit à portée de la faire, il eft fupplié de ne pas en laiffer échapper l'occafion. Affurément un ballon pourroit devenir un inftrument admirable dans la main d'un vrai Phyficien ; & c'eft en partie faute de vues fages qu'on n'en a encore tiré aucun parti.

Exp. 1.   (3) *C'eft ce qu'il eft facile de conftater dans une chambre*
en-ciel

en-ciel devroit donc toujours paroître entre le foleil & le fpeſtateur, lorfque ces goutes font interpofées ; alors auffi il devroit briller des plus vives couleurs : ce qui pourtant n'arrive jamais.

Il y a mieux. Formé comme on le prétend ; il devroit toujours paroître entre le foleil & le fpeſtateur, lorfque ces goutes font interpo- fées : on devroit donc l'appercevoir quelquefois au couchant, & quelquefois au zénith : ce qui pourtant n'arrive jamais.

Enfin l'arc-en-ciel, étant toujours vu dans la direſtion indéterminée des lignes O H, O G, O F, O E, ne devroit pas moins paroître de près que de loin, lorfqu'il pleut abondamment ; on devroit donc l'appercevoir à la diftance de quelques toifes comme à la diftance de quelques milles : ce qui pourtant n'arrive jamais (1).

Pourquoi donc paroît-il toujours de loin, toujours à certaine hauteur, toujours fous la forme d'un arc de cercle plus ou moins confidérable, toujours lorfque le foleil eft à certaine hauteur, & toujours lorfque le fpeſtateur a le dos tourné à l'aftre ? —— C'eft qu'il ne vient

Fig. 12, 13, 14 & 15.

Fig. 2.

---

obfcure, en fefant tomber fous différentes obliquités un faifceau de rayons fur un globe de verre.

(1) Je ne parle point ici des Iris que fait voir un jet d'eau.

M

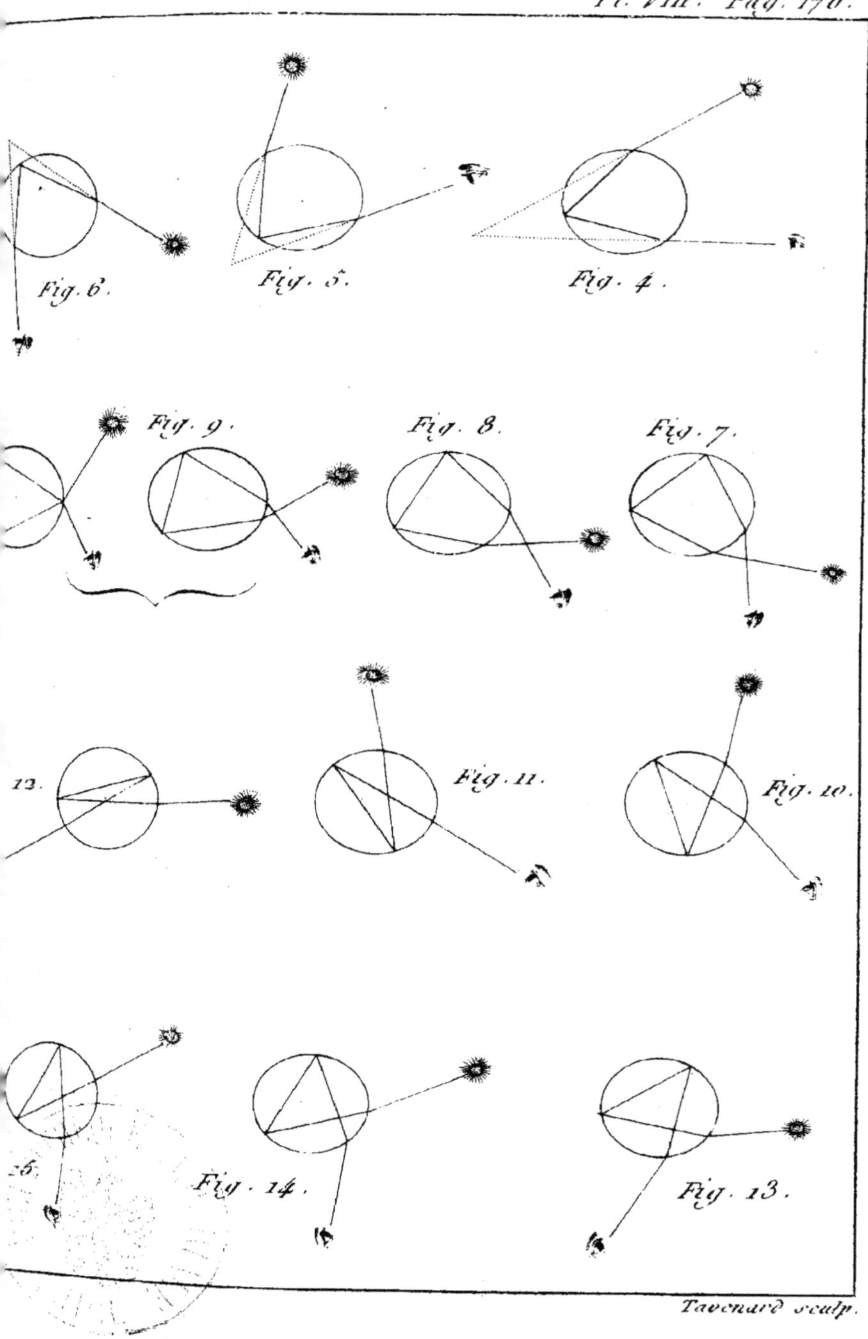

Fig. 6. Fig. 5. Fig. 4.

Fig. 9. Fig. 8. Fig. 7.

12. Fig. 11. Fig. 10.

Fig. 14. Fig. 13.

Tavenard sculp.

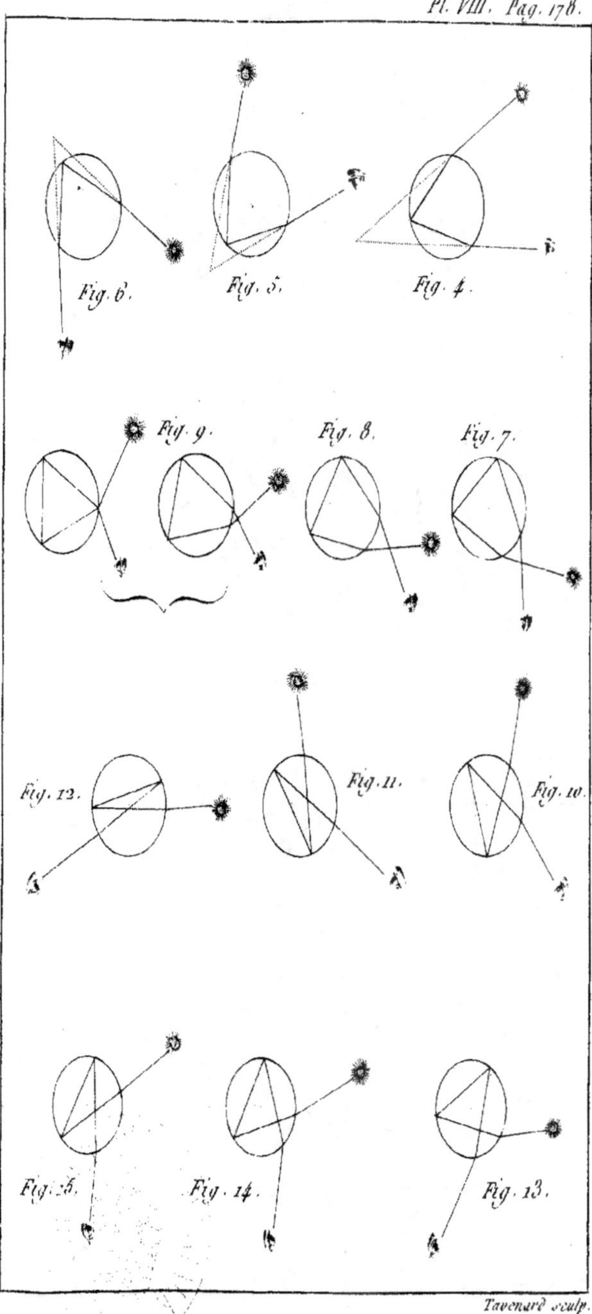

Fig. 6.

Fig. 5.

Fig. 4.

Fig. 9.

Fig. 8.

Fig. 7.

Fig. 12.

Fig. 11.

Fig. 10.

Fig. 15.

Fig. 14.

Fig. 13.

Tavenard sculp.

pas des caufes auxquelles Newton l'attribue. Ainfi on peut déjà regarder l'explication qu'il en donne , comme une vaine doctrine , fondée fur de fauffes hypothèfes.

Mais continuons à la développer , & nous reconnoîtrons que ceux qui l'ont exaltée fi fort, l'avoient affez peu raifonnée ; l'Auteur lui-même n'a pas apperçu toutes les conféquences qui découlent de fes principes.

Newton triomphe lorfqu'il s'agit de calculs : à l'aide de quelques formules , tout paroît s'applanir fous fa plume , & il faut voir comment il déduit des rapports de réfrangibilité les apparences optiques de l'arc-en-ciel.

Après avoir fait obferver que les rayons hétérogènes , réfractés & réfléchis dans les goutes de pluie , ont chacun des angles différemment limités , fous lefquels ils doivent émerger , non-feulement afin d'être féparés les uns des autres, & paroître chacun fous fa propre couleur , mais afin d'être affez nombreux pour affecter l'organe de la vue ; il indique une méthode de déterminer ces angles pour l'Iris externe & pour l'Iris interne (1). Cette méthode confifte à calculer les angles d'incidence & d'émergence des

____

(1) C'eft l'angle A X R qui eft affecté à l'Iris interne, & l'angle A Y S à l'Iris externe.

rayons, en donnant aux moins réfrangibles des sinus qui soient entr'eux comme 108 & 81, & aux plus réfrangibles des sinus qui soient entr'eux comme 107 & 81. D'où il infère que, le plus grand angle A X R des premiers sera de 42° 2', & leur plus petit angle A Y S de 50° 57' : tandis que le plus grand angle A X R des derniers sera de 40°, 17', & leur plus petit angle A Y S de 54° 7'.

Ces angles une fois déterminés dans un seul point de l'arc, notre illustre Géomètre ne paroît plus embarrassé de rien, & à l'aide de quelques hypothèses il entreprend de rendre raison de la forme des Iris, de leurs couleurs, de leur éclat, de leur étendue, de leur intervalle. Faisons-le parler.

« L'œil du spectateur étant placé en O, &
» O P étant menée parallèlement aux rayons
» solaires; soient P O E, P O F, P O G,
» P O H, des angles de 40° 17', de 42° 2',
» de 50° 57', de 54° 7', respectivement.
» Cela posé, il est clair que ces angles venant
» à tourner autour de leur côté commun O P;
» leurs autres côtés O E, O F, O G, O H dé-
» criront les bords de deux arcs-en-ciel A F B C
» & C H D G. Car si E F G H, sont des goutes
» de pluie placées en quelqu'endroit que ce soit
» des surfaces coniques décrites par O E, O F,
» O G, O H; & si elles sont éclairées par les

» rayons folaires S E, S F, S G, S H ; l'angle
» S E O, étant égal à l'angle P O E (qui eſt de
» 40° 17′) fera le plus grand fous lequel les
» rayons les plus réfrangibles puiſſent émerger
» après une réflexion ; par conféquent toutes
» les goutes qui fe trouvent fur la ligne O E en-
» verront à l'œil ces rayons en plus grand
» nombre poſſible ; par ce moyen le violet le
» plus foncé fera vu en cet endroit.

» De même l'angle S F O, étant égal à l'angle
» P O F (qui eſt de 42° 2′) fera le plus
» grand fous lequel les rayons les moins ré-
» frangibles puiſſent émerger après une réflexion:
» par conféquent toutes les goutes qui fe trouvent
» fur la ligne O F enverront à l'œil le plus grand
» nombre poſſible de ces rayons ; par ce moyen
» le rouge le plus foncé paroîtra en cet endroit.

» Par la même raiſon les goutes fituées entre
» E & F enverront à l'œil le plus grand nombre
» poſſible des rayons de moyenne réfrangibilité,
» & ils y feront par conféquent briller les cou-
» leurs intermédiaires. Ainſi de E en F, les
» couleurs de l'Iris paroîtront dans cet ordre,
» violet, indigo, bleu, vert, jaune, orangé,
» rouge. Mais le violet, étant mêlé à la lumière
» blanche des nuées, fera foible & tirant fur le
» pourpre (1) ».

____

(1) On conçoit comment la lumière blanche affoiblit

Voilà pour l'Iris interne, voici pour l'Iris externe.

« L'angle S G O étant égal à l'angle P O H
» (qui eſt de 50° 57′) ſera le plus petit ſous
» lequel les rayons les moins réfrangibles puiſſent
» émerger après deux réflexions : par conſé-
» quent ces rayons viendront à l'œil, en plus
» grand nombre poſſible, des goutes qui ſe
» trouvent ſur la ligne O G, & ils y feront pa-
» roître le rouge foncé.

» Pareillement l'angle S H O, étant égal à
» l'angle P O H (qui eſt de 54° 7′) ſera le
» plus petit ſous lequel les rayons les plus ré-
» frangibles puiſſent émerger après deux ré-
» flexions : par conſéquent ces rayons viendront
» à l'œil en plus grand nombre poſſible, des goutes
» qui ſe trouvent ſur la ligne O H, & ils y feront
» paroître le violet foncé.

» De même les goutes qui ſont entre G & H
» tranſmettront les rayons des couleurs inter-
» médiaires ſuivant leurs degrés de réfrangi-
» bilité. Ainſi de G en H, les couleurs de l'Iris
» paroîtront dans cet ordre, rouge, orangé,
» jaune, vert, bleu, indigo, violet.

» Comme les lignes O E, O F, O G, O H

une teinte quelconque ; mais on ne conçoit pas comment elle la feroit changer.

M 3

>> peuvent être fituées en quelqu'endroit que ce
>> foit des furfaces coniques dont il eft queftion,
>> ce qui vient d'être dit des goutes & des cou-
>> leurs qui fe voient fur ces lignes , doit être
>> appliqué aux goutes & aux couleurs qui font
>> en tout autre endroit de ces furfaces.

>> C'eft ainfi que fe formeront deux arcs co-
>> lorés; l'un interne, compofé des plus vives
>> couleurs par une feule réflexion ; l'autre ex-
>> terne, compofé de couleurs plus foibles par
>> deux réflexions. Les couleurs de ces arcs
>> feront dans un ordre inverfe; le rouge pa-
>> roiffant toujours à leurs bords les plus pro-
>> ches , & le violet à leurs bords les plus
>> éloignés.

>> La largeur apparente de l'arc interne E O F,
>> mefuré en travers , fera de $1°$ $45'$; & celle
>> de l'arc externe G O H, de $3°$ $10'$. Quant ı
>> leur diftance G O F, elle fera de $8°$ $55'$
>> le plus grand demi-diamètre de l'arc interne
>> P O F , de $42°$ $2'$, & le plus petit diamètre
>> de l'arc externe P O G, de $50°$ $57'$.

>> Telles feroient les vraies mefures, fi le
>> Soleil n'étoit qu'un point; mais à raifon du
>> diamètre apparent de cet aftre, la grandeur
>> des arcs doit augmenter d'un demi-degré,
>> & leur diftance réciproque diminuer d'au-
>> tant. Ainfi la largeur de l'Iris interne fera de

» 2° 15′; celle de l'Iris externe de 3° 40′;
» leur diftance réciproque de 8° 25′; le plus
» grand demi-diamètre du premier de 42° 17′;
» & le plus petit demi-diamètre du dernier de
» 50° 42′. Ce qui paroît à-peu-près d'accord
» avec l'expérience, quand les couleurs font
» bien marquées ».

On voit que la démonftration de l'Auteur porte entièrement fur des calculs. — Rien de plus exact que ces calculs, nous dit-on. — C'eft ce qu'il faut examiner.

Mais il n'eft pas befoin d'un long examen pour s'appercevoir que des rayons générateurs les hétérogènes correfpondans n'y fuivent pas les mêmes rapports de réfrangibilité. Car ayant décrit deux arcs, d'après leurs dimenfions corrigées, c'eft-à-dire dans les proportions que donne l'obfervation, fi on mène J G parallèlement à O H, & K E parallèlement à O F: on aura les angles J G O & K E O pour différences réfractionnelles entre les plus réfrangibles & les moins réfrangibles qui émergent des goutes E & G. Le premier de ces angles eft de 3° 40′ ; le dernier de 2° 15′; les rayons homogènes refpectifs n'auroient donc

Fig. 16.

M 4

pas le même degré de réfrangibilité : ce qui eſt abſurde.

Ce n'eſt pas tout. Si on compare les réfractions totales des hétérogènes, on trouvera qu'ils ſont bien éloignés de ſuivre les rapports de réfrangibilité fixés par Newton (1). A leur paſſage de l'eau de pluie dans l'air, il leur donne pour ſinus de réfraction les nombres 108, $108\frac{1}{7}$, $108\frac{1}{5}$, $108\frac{1}{3}$, $108\frac{1}{2}$, $108\frac{2}{3}$, $108\frac{7}{9}$ & 109 ; leur commun ſinus d'incidence étant 81 : le ſinus des moins réfrangibles ſeroit donc au ſinus des plus réfrangibles ce que 108 eſt à 109. Mais les angles des rayons générateurs d'extrême réfrangibilité étant l'un de 40° 17′, l'autre de 42° 2′, pour l'Iris interne ; & pour l'Iris externe, l'un de 50° 57′, l'autre de 54° 7′ : les ſinus de réfraction des premiers ſont entr'eux à-peu-près comme 17 & 18 ; tandis que les ſinus de réfraction des derniers ſont entr'eux à-peu-près comme 13 & 14. Ainſi, d'après le rapport de 108 à 109 environ 6 fois plus petit que celui de 17 à 18, l'Iris interne devroit avoir en largeur 20′ tout au plus : tandis que l'Iris externe ne devroit avoir que 17′, d'après le rapport de 108 à 109 environ 8 fois plus petit que celui de 13 à

____

(1) Voyez ſon Optique, L. I, Part. I I, Prop. I I I.

14. **Différences énormes qui dépofent hautement contre les formules de l'Auteur.**

Qui ne voit au demeurant que fi ces prétendus rapports de réfrangibilité n'étoient pas imaginaires, les Iris auroient tous la même largeur ; puifque ces rapports feroient invariables : leur largeur étant très-différente, il fuit de-là bien clairement, ou que les rayons générateurs de la même Iris n'ont pas les mêmes angles d'incidence, ou que leurs angles de réfraction font inconnus : ce qui rend abfolument arbitraires les données du problême. Il eft donc évident que les calculs de Newton font manqués.

Hé ! comment ne le feroient-ils pas, à en juger par la marche qu'il a fuivie ? Au lieu de déduire les phénomènes de fes principes, il a plié fes principes aux phénomènes : le moyen d'en douter, en examinant la manière dont il s'y eft pris pour former un arc-en-ciel double !

Dans l'efpace entier qu'occupe la pluie, ayant choifi quatre goutes H, G, F, E ; il les place aux bords de deux zones dont les dimenfions correfpondent à celles des arcs colorés, & dont l'intervalle eft proportionnel à celui de ces arcs.

Enfuite fuppofant parallèles les rayons incidens, il les fait fe réfracter & fe réfléchir plufieurs fois dans chaque goute. Puis il fuppofe que les rayons hétérogènes fe féparent aux furfaces de ces goutes : mais, fans fe mettre en peine de la grandeur relative de leurs angles de réfraction, il n'eft plus occupé que du foin d'amener à l'œil ceux d'extrême réfrangibilité, dont il veut que les couleurs terminent les Iris ; les autres efpèces émergeant, felon lui, de goutes comprifes dans les efpaces intermédiaires E F & G H. Après quoi il fuppofe que les goutes placées dans une même ligne O E, O F, O G, O H, tranfmettent chacune la même efpèce de rayons. Enfin tous ces rayons formant deux cônes, dont les bafes font appuyées fur la nue, & dont les fommets aboutiffent à l'œil, il les fuppofe tournant autour d'une ligne O P, parallèle aux rayons incidens, & il nous donne pour arcs-en-ciel les deux zones femi-circulaires que ces cônes décrivent.

Mais quoi, des rayons réfractés & réfléchis par la multitude innombrable de goutes de pluie qui tombent de la nue, qui toutes décompoferoient la lumière, & qui toutes faifferoient émerger efficacement fes rayons fous différens angles, il ne parviendroit à l'œil que ceux qui pourroient former les couleurs de l'arc-en-ciel !

— La prétention paroîtra singulière. — Eh ! en vertu de quelle loi encore ignorée, les rayons folaires tomberoient-ils fur ces goutes précifément fous les feuls angles propres à donner ces couleurs toujours rangées dans le même ordre, ou fous des angles propres à n'en donner aucune ? Le fuppofer, c'eft ranger avec fymmétrie toutes les goutes qui tombent de la nue fur deux zones femi-circulaires, de la forme & de l'étendue des Iris : expédient fort commode à la vérité ; mais fort étrange, & tout au moins inutile : car à quoi bon ce merveilleux arrangement, tant que ces zones ne font pas ifolées, tant qu'elles ne compofent pas feules la région où il pleut ? Puis donc que cette région eft compofée d'une multitude prodigieufe d'autres goutes fur lefquelles les rayons folaires tombent en tous fens, il eft manifefte qu'elle ne devroit préfenter qu'une infinité de points différemment colorés : les Iris ne pourroient donc avoir aucune dimenfion déterminée, & il ne pourroit y avoir aucun intervalle entr'eux.

J'ai dit que la région entière qu'occupent les goutes de pluie, devroit préfenter une infinité de points différemment colorés : je me trompe ; car les rayons folaires qui tombent fur ces goutes fous tous les angles poffibles (1), depuis zéro jufqu'à 70 degrés, étant la plupart tranfmis : les rayons hétérogènes féparés par la réfraction fe réfracteroient de nouveau dans chaque goute interpofée ; ils changeroient donc continuellement de direction, & fe mêleroient de toute néceffité : or de leur mélange réfulteroit du blanc.

Ce que leur mélange n'auroit pas fait, leur difperfion le feroit bientôt, & en fe prolongeant à quelque diftance ils cefferoient toujours de produire des teintes marquées. C'eft ainfi que l'écume de l'eau de favon, fur laquelle de brillantes couleurs s'apperçoivent de fort près, paroît blanche à quelques pas. Ou fi l'on veut un exemple plus analogue au fujet ; c'eft ainfi que les zones colorées que préfentent de fort près les vapeurs abondantes de l'eau chaude, difparoiffent à quelques pieds, & fe changent en gris plus ou moins clair.

Il eft donc démontré que les rayons folaires incidens fur les goutes de pluie ne pourroient jamais former des arcs-en-ciel, tant que ces goutes ne feroient pas rangées fymmétriquement fur deux zones ifolées.

____

(1) Voyez la note 3 de la page 176.

Encore cela ne fuffiroit-il pas, à moins qu'elles ne fe trouvaffent jamais plufieurs de file. Après avoir fuppofé que chaque goute ne tranfmet à l'œil qu'une feule efpèce de rayons à la fois, on fuppofe que toutes les goutes qui fe trouvent fur chacune des lignes O E , O F , O G , O H , &c. qu'ils décrivent, lui tranfmettent conftamment la même efpèce. Mais il faudroit pour cela, que les rayons folaires les rencontraffent toutes fous la même obliquité : or fuppofer cette parfaite égalité des angles d'incidence, c'eft admettre l'impoffible. Suppofons-la toutefois : les rayons qui viennent de chaque Iris , convergeant à l'œil, formeront un cône de hauteur confidérable. A la bafe de ce cône, les rayons hétérogènes font réputés tranfmis chacun par une goute féparée : mais à mefure qu'ils fe prolongent , ils font fucceffivement tranfmis par un nombre de goutes, toujours d'autant moins confidérable qu'ils approchent davantage du fommet, où fouvent ils font tous tranfmis par une feule goute. Ce qui doit néceffairement changer leurs premières directions, les difperfer en grande partie, raffembler, confondre ceux qui reftent, & former du blanc de leur mélange.

Fig. 2.

Enfin quand les goutes de pluie, rangées fymmétriquement fur des zones ifolées, ne s'y trouveroient jamais plusieurs de file, elles ne pourroient encore former d'Iris, que leur figure & leur grosseur ne fussent constantes. Or à les supposer toutes parfaitement rondes & toutes d'égal diamètre, en commençant à se former; elles se réunissent & grossissent plus ou moins dans leur chûte : dans leur chûté aussi elles s'applatissent plus ou moins, à raison de la résistance que l'air leur oppose, & toujours d'autant plus qu'elles approchent davantage de terre. Telle est même leur irrégularité, qu'il ne s'en trouve peut-être pas deux d'égale grosseur dans la même file. Ainsi l'angle de réfraction des rayons hétérogènes, correspondant à l'angle d'incidence des rayons solaires, change continuellement, à mesure qu'elles s'abattent le long des côtés C H, D G, ou A F, B E : ce qui doit altérer l'ordre de leurs teintes. Fût-il constant dans un point de l'Iris, il ne seroit donc pas pour cela uniforme dans tous les points. C'est donc se faire illusion que prétendre former l'arc-en-ciel, en fesant mouvoir les rayons des cônes G O H & E O F autour de la ligne O P.

Oui, Messieurs, & pourriez-vous en douter maintenant; pour produire un arc-en-ciel double, il faudroit, dans le système dont l'examen nous occupe, que les goutes de pluie, toujours seules dans chaque file, fussent toutes parfaitement fphériques , toutes d'égal diamètre , toutes rangées fur deux zones ifolées , & toutes rencontrées fous le même angle par les rayons folaires : encore après ce merveilleux arrangement n'en feroit-on pas plus avancé ; puifqu'il refteroit à trouver la raifon de l'ordre régulier & invariable des couleurs de l'arc-en-ciel.

Admettons pour un moment que les rayons hétérogènes , féparés par leurs différentes réfractions aux furfaces des premières goutes de pluie , parviennent à l'œil fous les angles fuppofés , fans jamais fe dévier, fe mêler, fe confondre ; on ne voit pas pourquoi les violets & les rouges termineroient conftamment chaque Iris ; & on fent bien qu'il eft impoffible d'en donner une bonne raifon. Car ces rayons divergeant tous des goutes de pluie qui les réfractent , chaque goute n'en tranfmet à l'œil qu'une feule efpèce à la fois ; les autres paffant au-deffus ou au-deffous , d'un côté ou de l'autre , & toujours à des diftances proportionnelles à leurs degrés de réfrangibilité. Mais les couleurs des Iris étant vues dans la longueur indéterminée des rayons E O , F O , G O , H O , & des intermédiaires , ce n'eft qu'au point de concours de ces rayons qu'on les appercevroit tous à la fois ; il n'y auroit donc qu'un feul point d'où

Fig. 2.

l'arc pût paroître entier ; hors ce point , il cefferoit d'être terminé par les mêmes couleurs ,
& fes dimenfions changeroient brufquement (1):
les couleurs des rayons qui terminent les Iris
devroient donc changer fans ceffe avec la pofition de l'œil. En le hauffant ou le baiffant , en le
portant à droite ou à gauche , en l'approchant ou
l'éloignant , on devroit donc voir chaque couleur
de l'Iris devenir à fon tour celle des bords (2).

(I) Si l'on prétendoit que les rayons de la goute qui
ont difparu font à l'inftant remplacés par les rayons correfpondans de la goute la plus voifine ; j'obferverois
fimplement que , pour cela , ces rayons devroient être
fi ferrés qu'il n'y eût point d'intervalle entr'eux : & alors
ceux d'une couleur, tombant fur ceux d'une autre couleur , produiroient néceffairement une teinte mixte ou
plutôt du blanc ; car ce qui arriveroit à deux efpèces de
rayons , arriveroit également à toutes.

(2) Pour le fentir , il fuffit de jeter un coup d'œil
fur la 3ᵉ figure de l'arc intérieur.

On dit que tous les rayons , excepté les violets , con-
tenus dans la ligne S E , fortant de E fous un angle plus
grand que S E O formé par le violet pafferont au-deffous
de l'œil ; & que tous les rayons , excepté le rouge contenu dans la ligne S F , fortant de F fous un angle plus
petit que S F O formé par le rouge pafferont au-deffous
de l'œil : de toutes les couleurs comprifes dans les efpaces S F & S E , on ne verroit donc que le rouge de
l'un & le violet de l'autre.

Ainfi en plaçant l'œil fucceffivement un point plus

Fig. 2.

L'ordre

& l'ordre des couleurs intermédiaires change continuellement. On devroit voir auffi le nombre de ces teintes fe réduire & difparoître tour-à-tour. On devroit encore appercevoir les Iris dans certaine pofition, & ne plus les appercevoir dans d'autres pofitions. Conféquences néceffaires des principes de l'Auteur, mais que l'expérience dément. Ainfi ce fyftême rend raifon de tout, excepté des phénomènes qui caractérifent l'arc-en-ciel : que de favoir vainement prodigué !

Enfin, il fuffit de regarder les Iris à travers

bas, mais correfpondant aux prétendus rapports de réfrangibilité, l'arc-en-ciel feroit terminé au haut par l'orangé, au bas par l'indigo : enfuite au haut par le jaune, au bas par le bleu ; puis au haut par le vert, & au bas par le vert ; puis au haut par le bleu, au bas par le jaune ; puis au haut par l'indigo, au bas par l'orangé ; enfin, au haut par le violet, au bas par le rouge. Plus bas encore les teintes inférieures manqueroient fucceffivement, & l'arc-en-ciel auroit moins de couleurs.

Dans ce fyftême, l'ordre des couleurs apparentes n'a donc point de raifon, puifqu'il dépend abfolument de la pofition arbitraire de l'œil. Comment donc l'arc-en-ciel paroîtroit-il le même à tous les yeux dans des pofitions variées à l'infini ? mais puifqu'il ne varie pas, quelque pofition que l'œil prenne, il dépend d'une caufe indépendante de la réfraction.

N

un prifme pour s'affurer que l'externe n'eft pas
formée comme l'Auteur le prétend.

Exp. 2.   *Vues à travers un prifme de 60°, le fommet de
l'angle tourné en bas, elles deviennent plus arquées :
mais l'ordre de leurs couleurs ne change du tout
point.*

Exp. 3.   *Le fommet de l'angle tourné en haut, elles paroiffent fous la forme d'une zone blanche rectiligne
& horifontale, lorfqu'on fait mouvoir le prifme
fur fon axe, de manière que la première furface
foit peu inclinée aux rayons incidens : puis leurs
couleurs reffortent de la zone en ordre inverfe, à
mefure que le prifme continue à tourner dans le
même fens.*

Exp. 4.   *Si le prifme n'a que 30 degrés ; les couleurs gar-
dent leur ordre, feulement les Iris paroiffent plus
foibles & plus étroites.*

D'après le fyftême de l'Auteur, on conçoit
que l'ordre des couleurs de l'Iris interne ne
doit pas changer, lorfque l'image eft abaiffée
par la réfraction : mais on conçoit auffi qu'il eft
impoffible que l'ordre des couleurs de l'Iris externe ne change pas ; car des rayons hétérogènes prolongés à une lieue, & ne divergeant
entr'eux que de quelques minutes, font réfractés par le prifme infiniment plus qu'il ne
faut pour prendre un ordre inverfe. Puis
donc que l'ordre des couleurs de la der-

nière n'eſt pas moins invariable que celui des couleurs de la première, cet ordre eſt le même pour toutes deux : & s'il paroît inverſe dans celle-ci, c'eſt qu'elle eſt toujours compoſée de deux Iris dont les couleurs des bords internes ſont ſuperpoſées : auſſi paroît-elle toujours terminée par le pourpre.

Il eſt inconteſtable que l'explication de l'arc-en-ciel donnée par Newton ſe réduit à de ſimples conjectures deſtituées de fondement. On alléguera ſans doute en preuve les expériences d'où les données du problême ont été déduites : c'eſt ici le lieu d'analyſer ces expériences, & de faire voir le peu de juſteſſe de cette induction.

Dans l'hypothèſe qu'un globe de verre, plein d'eau, tranſmet toujours à l'œil une eſpèce particulière de rayons, lorſque les incidens & les émergens forment un angle déterminé ; il eſt clair que les rayons réfractés & réfléchis par des goutes de pluie feront briller différentes couleurs. Mais pour en conclure les apparences optiques de l'arc-en-ciel, il ne ſuffit pas d'avoir les angles ſous leſquels les rayons hétérogènes doivent émerger du globe.

Au ſoin extrême que Newton apporte à déterminer la différente réfraction des rayons dont il fait réfulter chaque Iris , qui croiroit que ces calculs fi délicats font complettement manqués? Rien de plus vrai cependant ; car il ne s'agit pas de favoir fous quels angles les rayons hétérogènes émergent d'un globe femblable à celui des expériences de l'Archevêque de Spalato : mais de favoir fous quels angles ils émergent d'une goute de pluie ; puifque ces angles varient conftamment avec le diamètre de la fphère, & la diftance du point d'émergence au point d'incidence des rayons folaires.

Exp. 5.   *Qu'à travers un trou percé dans un carton , on les faffe* (1) *tomber perpendiculairement fur une fphère de 10, 20, 30, 40 lignes* (2) *de diamètre ; il ne paroîtra point de couleurs, quelque pofition que l'œil prenne.*

Cela doit être, dira-t-on fans doute ; car alors les rayons qui pénètrent jufqu'à la dernière furface , en étant réfléchis perpendiculairement, ne fouffrent aucune décompofition. ——— Soit, il faut donc qu'ils entrent obliquement dans une fphère, Exp. 6.   pour qu'elle les renvoie colorés. *Or s'ils tom-*

---

(1) Ou plutôt un difque de carton percé d'un petit trou.

(2) Je ne confidère point ici la fphère de verre où l'eau eft contenue, parce que les réfractions des rayons incidens & émergens fe compenfent avec exactitude, lorfque fes parois font d'égale épaiffeur.

bent avec certaine obliquité sur une sphère de 30 lignes ; en portant l'œil du point d'incidence vers le
milieu de l'hémisphère tourné contre le soleil, puis
en l'abaissant vers le bord inférieur, on verra au
bord opposé diverses couleurs à la fois, si les incidens & les émergens forment un angle quelconque
depuis 20 degrés jusqu'à 48. Cet angle est-il de
48 degrés ? ——— Alors seulement ces couleurs paroissent avec éclat.

Si l'angle est de 49 degrés ; les rayons jaunes
offriront un point radieux.

Et s'il est de 50 degrés ; les rouges offriront un
point radieux à leur tour.

Les rayons solaires tombent-ils sous certaine   Exp. 7.
obliquité sur une sphère de 4 lignes ?

{ Les jaunes offrent un point radieux, lorsque
    l'angle est de   20°.
{ Et les rouges, lorsqu'il est de   21°.

Enfin les rayons solaires tombent-ils sous cer-   Exp. 8.
taine obliquité sur une sphère d'une ligne & demie,
diamètre approchant de celui d'une goute de pluie ?

{ Les jaunes offrent un point radieux, dès que
    l'angle est de   16°.
{ Et les rouges, dès qu'il est de   17°.

Mais s'ils tombent de l'autre côté de l'hémis-   Exp. 9.
phère, en avançant l'œil horisontalement vers le
côté opposé, de manière que les points d'incidence

(198)

*& d'émergence foient les plus diflans que faire fe
peut; les couleurs paroîtront fous d'autres angles très-
différens , & elles auront beaucoup plus d'éclat (1).*

Exp. 10.　*Or la fphère d'eau ayant 30 lignes de diamètre ;
les jaunes offrent un point radieux , lorfque
l'angle formé par les incidens & les émergens
eft de　　　　　　　　　　　　　　61°.
Et les rouges , lorfqu'il eft de　　　　　63°.*

Exp. 11.　*La fphère a-t-elle 4 lignes ?
Les jaunes offrent un point radieux , lorfque
l'angle eft de　　　　　　　　　　　59°.
Et les rouges , lorfqu'il eft de　　　　60°.*

Exp. 12.　*La fphère n'a-t-elle qu'une ligne & demie ?
Les jaunes offrent un point radieux , dès que
l'angle eft de　　　　　　　　　　　57°.
Et les rouges , dès qu'il eft de　　　　58°.*

Il en eft de même quand ces fphères font
entièrement expofées au foleil.

Obfervons d'abord que l'angle d'émergence
étant toujours déterminé par l'angle d'incidence,
il n'eft aucune raifon pour que les rayons ne

____

(1) Que fi leurs couleurs font peu apparentes , lorfque leur obliquité eft peu confidérable , c'eft qu'ils
font trop peu raffemblés par la réflexion & la réfraction.

fortent colorés que fous quelques angles d'ouvertures données.

Obfervons enfuite que lorfque l'œil s'avance
vers le milieu ou vers le bord de l'hémifphère
tourné contre le foleil ; l'ordre des couleurs
devient inverfe : mais quoique les rayons émergent, dans le premier cas, après deux réfractions
& deux réflexions intermédiaires (1) ; dans le
dernier cas, après deux réfractions & une réflexion intermédiaire ; les rayons hétérogènes
n'émergent dans aucun de ces cas fous les
angles fixés par l'Auteur.

Ces angles font même fort éloignés de fuivre
les rapports de la différente réfrangibilité prétendue. Pour le fentir, il fuffit de comparer les
finus de réfraction des rayons hétérogènes à leur
paffage de l'eau de pluie dans l'air.

---

(1) J'en juge à la foibleffe des points radieux, & à
la direction des rayons ; car leurs points d'incidence &
d'émergence font toujours aux côtés oppofés. On s'en
affure en interceptant les rayons incidens au moyen
d'une bandelette de papier, ou par l'ombre d'un corps
menu projetée à l'endroit de leur incidence. Or en
vertu des lois de la Dioptrique & de la Catoptrique, les
points radieux vus fous un angle de 16 à 17 degrés ne peuvent être produits que de rayons tranfmis par une goute
de pluie après deux réfractions & deux réflexions intermédiaires, comme on le verra ci-après.

N. 4

Suivant Newton, les différences réfractionnelles de ces finus font dans la proportion des nombres 108, 108 $\frac{1}{8}$, 108 $\frac{1}{5}$, 108 $\frac{1}{3}$, 108 $\frac{1}{2}$, 108 $\frac{2}{3}$, 108 $\frac{7}{9}$ & 109 ; le commun finus d'incidence étant 81. Le finus des rouges feroit donc au finus des jaunes ce que 108 eft à 108 $\frac{1}{3}$, ou, fi l'on veut, ce que 324 eft à 325. Mais à leur paffage d'une fphère d'eau d'une ligne & demie en diamètre ou d'une goute de pluie, ces finus déterminés par mes expériences font entr'eux ; d'un côté, dans le rapport de 57 à 58, rapport à-peu-près 6 fois plus grand que celui qui leur eft affigné ; d'un autre côté, dans le rapport de 16 à 17, rapport au moins 20 fois plus grand.

Enfin obfervons que, d'après les rapports donnés par mes expériences, l'ordre des couleurs des Iris feroit inverfe de celui que donne l'obfervation, & leurs diamètres très-différens : car le demi-diamètre de l'interne auroit 17 degrés au lieu de 42° 2' ; & le demi-diamètre de l'externe 58 degrés au lieu de 50° 57'.

Il n'eft donc pas douteux que les directions attribuées par l'Auteur aux rayons hétérogènes réfractés & réfléchis par des goutes de pluie, avant de parvenir à l'œil, font conclues d'expériences très-mal faites. Ainfi les dimenfions qu'il donne aux Iris font purement arbitraires ; & fi elles fe trouvent à-peu-près d'accord avec l'obfervation , c'eft à raifon d'un rapport purement fortuit. D'un rapport fortuit ? Difons plutôt à raifon de l'étendue des limites de l'angle que forment les rayons incidens & les rayons émergens , avant qu'une fphère d'eau de certain diamètre ceffe de faire voir des couleurs. Or Newton a choifi un point de vue où cet angle paroiffoit limité comme il convenoit le mieux à fon fyftéme ; car dans ce fyftême fi exalté , tout l'art de l'Auteur confifte à adapter des formules aux obfervations , & à paroître déduire les phénomènes de fes principes (1).

Venons à des objections plus tranchantes encore.

------

(1) Newton qui poffédoit fi bien le talent de développer une expérience , poffédoit fans doute également celui de l'analyfer : mais il oublia plus d'une fois d'en faire ufage , & c'eft à cet oubli qu'il faut attribuer la foibleffe (pour ne rien dire de plus) de prefque toutes les parties de fon fyftême des couleurs. Un penchant irréfiftible le portoit toujours , en étudiant la Nature , à recourir à l'inftrument qu'il manioit le mieux : auffi n'eft-il prefqu'aucun phénomène auquel il n'ait appliqué quelque formule géométrique ; & pour nous borner à un point relatif à celui qui nous occupe , prenons la 16ᵉ Exp. de la II Part. du Liv. I ; expérience préparatoire à fa théorie de l'arc-en-ciel. On fait qu'elle a pour objet l'arc bleu qu'on voit à la bafe d'un prifme expofé

Quelque poſition que l'on prenne en répétant les expériences d'où Newton eſt parti,

en plein air à la lumière du ciel. Or , il prétend que cet arc n'eſt viſible que lorſque les angles d'incidence & de réflexion à la baſe ſont renfermés dans certaines limites. Voici ſa démonſtration qu'il importe de ſuivre , la figure géométrique ſous les yeux.

Fig. 17.

« Que H F G ſoit un priſme en plein air , & S l'œil
» du ſpectateur appercevant le ciel par la lumière qui
» tombe ſur le côté F J G K , ſe réfléchit de deſſus la
» baſe H E J G , & ſort par le côté H E F K. Le priſme
» & l'œil étant placés de manière que les angles d'inci-
» dence & de réflexion à la baſe aient environ 40 de-
» grés ; on voit un arc bleu M N qui s'étend d'un bout
» à l'autre de la baſe ; la concavité de l'arc eſt tournée
» vers le ſpectateur ; & la partie I M N G au-delà de
» l'arc paroît plus brillante que la partie E M N H , qui
» eſt en-deçà. Comme cet arc bleu n'eſt produit que
» par la réflexion d'une ſurface ſpéculaire , il devient
» un phénomène ſi étrange & ſi difficile à expliquer par
» le ſyſtême des Philoſophes , qu'il doit être jugé digne
» d'obſervation.

» Pour en montrer la cauſe ; ſuppoſez que le plan
» A B C coupe perpendiculairement les côtés & la baſe
» du priſme : alors ſi de l'œil à la ligne B C , on mène
» les lignes S p & S t, qui faſſent l'angle S p C de 50 de-
» grés $\frac{1}{9}$, & l'angle S t C de 49 degrés $\frac{1}{27}$; le point p
» ſera le terme au-delà duquel aucun des rayons les
» plus réfrangibles ne peut paſſer à travers la baſe , leur
» incidence étant telle qu'ils doivent tous être réfléchis;

jamais on n'apperçoit fucceffivement toutes les teintes de l'arc-en-ciel. La rouge & la jaune font les feules apparentes : ainfi point de vert,

---

» & le point *t* fera le terme au-delà duquel aucun des » rayons les moins réfrangibles ne peut paffer à travers » la bafe , leur incidence étant telle qu'ils doivent tous » être réfléchis : tandis que le point *r* , qui tient le mi- » lieu entre *p* & *t*, limitera de même les rayons de » moyenne réfrangibilité. Ainfi, les moins réfrangibles » qui tombent fur la bafe entre *t* & B , & qui peuvent » parvenir à l'œil , feront tous réfléchis : mais entre *t* » & C , plufieurs de ces rayons pafferont à travers la » bafe. D'une autre part , les plus réfrangibles qui tom- » bent fur la bafe entre *p* & B , & qui peuvent parvenir à » l'œil , feront tous réfléchis : mais entre *p* & C plu- » fieurs de ces rayons pafferont à travers la bafe. Il en » fera de même des rayons de moyenne réfrangibilité » des deux côtés du point *r*. D'où il fuit que la bafe du » prifme doit paroître blanche & brillante dans tout » l'efpace compris entre *t* & B , à raifon d'une réflexion » totale des rayons hétérogènes. Mais en *r* & en d'autres » endroits entre *p* & *t*, où les plus réfrangibles font tous » réfléchis à l'œil, & où les moins réfrangibles font » tranfmis en grand nombre , l'excès des premiers doit » faire paroître bleu-violet cet efpace. C'eft ce qui ar- » rive en quelque partie de la bafe qu'on prenne la » ligne C *p r t* B entre les bouts du prifme ».

Mais cette explication eft purement hypothétique, ou plutôt elle eft démentie par des faits décififs.

Si cet arc dépendoit d'une difpofition des rayons à être ou n'être pas réfléchis , lorfqu'ils tombent fur la

point de bleu, point de violet ; fi on excepte quelques foibles rayonnemens qui s'apperçoivent de près autour des points radieux. Ajoutons que les deux premières teintes ne paroiffent pas même dans l'ordre de la réfrangibilité prétendue de leurs rayons refpectifs : car l'orangé & la jaune paroiffent en même-tems.

Enfin quoique l'Auteur prétende que chaque efpèce des rayons émergens de la même goute doit tour-à-tour venir à l'œil ; néanmoins lorfqu'ils forment avec les incidens un angle de 63 degrés, on voit à la fois du rouge & du jaune à l'un des bords de la fphère de 30 lignes; au bord oppofé, du jaune & du rouge : tandis que ces couleurs fe voient à la fois dans une fphère d'une ligne & demie, lorfque ces rayons

---

bafe du prifme fous des angles déterminés ; le phénomène feroit invariable, quelle que fût la figure du prifme. Or, il eft conftant que lorfque cette figure eft celle d'un rectangle ifocelle, l'arc bleu s'apperçoit, tant que les angles d'incidence & de réflexion font de 26 degrés. Et il n'eft pas moins conftant, lorfque le prifme n'a pas plus de 22 degrés, que cet arc ne s'apperçoit jamais, fous quelque angle que la lumière y tombe.

Il paroît donc certain que Newton a obfervé ce phénomène à la bafe d'un prifme équilatéral, & qu'il s'eft contenté, fuivant fa coutume, d'y clouer une formule géométrique.

forment des angles de 50 degrés. C'est donc à tort qu'il suppose que la même goute de pluie ne sauroit faire paroître deux couleurs ou deux Iris à la fois.

Ainsi chaque point de sa doctrine porte sur une base ruineuse ; & c'est ici une nouvelle preuve que la Nature y est toujours pliée aux opinions, & l'observation aux calculs : mais nous ne sommes pas au bout ; telles sont même les inconséquences de cette doctrine, qu'elles paroissent inépuisables.

Il est tems, Messieurs, de démontrer que les causes auxquelles notre Auteur attribue l'arc-en-ciel sont purement fictives.

Après s'être étayé des Expériences de l'Archevêque de Spalato, il revient à la synthèse ; & pour mettre hors de doute la prétendue infaillibilité de ses principes, il veut paroître en déduire, par voie de calcul, toutes les apparences de l'arc-en-ciel. Si l'application qu'il en fait semble d'abord quadrer avec quelques points, à peine entreprend-on de l'approfondir, qu'on s'apperçoit combien elle leur est opposée.

Ici se présente une réflexion qui doit frapper tout Lecteur versé dans l'Optique, pour peu qu'il ait l'esprit juste. On a vu que Newton travaillant à rendre raison des couleurs de l'arc-en-ciel, s'occupe uniquement à tracer la route d'un rayon folaire, qu'il fuppofe réfracté & réfléchi plufieurs fois dans une goute de pluie avant de parvenir à l'œil : or parmi les divers phénomènes que préfentent les rayons incidens fur chaque goute, eft-il concevable qu'il fe foit borné à un feul, & qu'il ait compté les autres pour rien ? L'examen de ces phénomènes étoit indifpenfable ; il ne l'a point fait, faifons-le pour lui.

Les rayons folaires qui pénètrent chaque goute de pluie ne fauroient s'y réfracter ou s'y réfléchir, fans fuivre les lois de la Dioptrique & de la Catoptrique: cela eft certain. Mais , à part ceux qui s'y difperfent ou s'y éteignent, il eft impoffible de les confidérer féparément : car de quelque manière qu'ils foient réfractés ou réfléchis, ils fe réuniffent tous plus ou moins parfaitement pour former différentes images du Soleil.

Ne quittons point les expériences dont l'Auteur fit la bafe de fon travail: *Qu'un globe de verre de 30 lignes , plein d'eau, repréfente donc ici une goute de pluie , & qu'on l'expofe aux rayons folaires : l'œil (I), placé à quelques pieds de dif-*

Exp. 13.

(I) Je place ici l'œil après le foyer , comme il l'eft toujours en voyant l'arc-en-ciel.

tance , verra une image droite du Soleil formée des rayons réfléchis à la première surface ; & une image renversée du Soleil, formée des rayons réfléchis à la seconde surface ; ou bien une image renversée du Soleil, formée des rayons transmis par la sphère entière (1). Phénomènes qui s'observent beaucoup mieux encore de nuit, lorsqu'on expose le globe aux rayons d'une bougie.

Exp. 144

La première de ces images est toujours aco-lore ; la seconde ne paroît bordée de légères Iris qu'autant que l'œil est très-incliné à l'axe des rayons incidens ; & la troisième est toujours plus ou moins bordée d'Iris, quelque position que l'œil prenne.

La dernière de ces images est aussi la plus vive ; l'arc-en-ciel ne devroit donc jamais paroître avec plus d'éclat que lorsque la nue , qui fond en eau , est placée entre le Spectateur & le Soleil : alors toutefois on n'en découvre aucun vestige ; & c'est-là, je le répète, une inconsé-quence frappante du système de l'Auteur.

Mais à s'en tenir aux images produites par réflexion , il est évident que la surface de l'hé-misphère antérieur de chaque goute de pluie,

-----

(1) Je ne parle point des images formées par une réflexion répétée plusieurs fois ; parce qu'elles sont trop foibles pour être apperçues à quelque distance.

comme celle du globe d'eau, doit offrir les phénomènes d'un miroir convexe ; tandis que la
furface de l'hémifphère poftérieur doit préfenter
les phénomènes d'un miroir concave, tous deux
à-peu-près de même fphéricité.

La grandeur de ces images varie avec l'éloignement de l'œil aux furfaces réfléchiffantes.
J'en dis autant de l'intenfité de leur lumière.
Ainfi, à 8, 10, 12, 15 pieds de diftance, la feconde
image n'eft qu'un peu plus grande & un peu plus
vive que la première, tant que les rayons émergens & les rayons incidens ne forment pas un
angle de plus de 40° ; quoique la fphère ait 30 lignes en diamètre. A 30, 40, 50 pieds de diftance, leur différence eft prefque infenfible.

Mais lorfque la fphère n'a qu'une ligne &
demie en diamètre ; à 20 pieds de diftance la
différence eft inappréciable.

Paffé le foyer des furfaces, ces images folaires vont toujours en diminuant à proportion
que l'œil s'éloigne ; parce qu'elles ne font plus
formées que de rayons qui divergent à leur
incidence (1) ; & que ces rayons émergent de
points toujours moins diftans de l'axe.

____

(1) La feconde image eft produite par les rayons
qui auroient concouru à former l'image par réfraction, s'ils avoient été tranfmis. A leur incidence, ces

Enfin

Enfin à mefure que les images vont en diminuant de grandeur, les Iris diminuent dans la même proportion.

Le Lecteur impatient demandera fans doute d'où viennent les couleurs que le globe fait voir, lorfque les rayons incidens & les rayons émergens forment des angles de certaine ouverture. Ce n'eft affurément pas de la décompofition que la lumière eft fuppofée fouffrir en fe réfractant (I): puifqu'elles ne fuivent pas les rapports de la prétendue différente réfrangibi'ité des rayons hétérogènes, quelle que foit l'ouverture de ces angles. Pour peu qu'on les examine avec foin, on reconnoît qu'elles viennent uniquement des Iris dont le champ des rayons folaires eft circonfcrit (2), & dont la

---

rayons font toujours convergens & divergens. Je ne parle point ici de rayons parallèles, parce que leur parallélifme eft l'effet de l'art feul.

(I) On en verra dans la II Partie des preuves irréfiftibles. Je ne m'arrête pas à démontrer la caufe de ces Iris, l'Académie n'en ayant point fait une condition de fon Programme.

(2) Ces images ne s'apperçoivent parfaitement que de nuit & à la lumière d'une bougie ; on voit alors du bleu qu'on ne diftingue point au foleil ; dans toutes

O

partie tranfmife forme celles de l'image réfractée : on s'en affure *en mettant un petit difque
de papier blanc fur l'hémifphère poftérieur.*

Lorfque le globe a 30 lignes de diamètre;
ces Iris, toujours fort étendues, s'apperçoivent
fous tous les angles poffibles depuis zéro jufqu'à 63 degrés : ainfi ce qu'on nous dit *des accès
de facile réflexion & de facile tranfmiffion* n'eft
rien moins que fondé; puifque les rayons hétérogènes font également difpofés à émerger fous
quelque angle que ce foit. Au refte fi ces Iris
venoient de la caufe à laquelle on les attribue,
on devroit voir l'arc-en-ciel fous tous les angles
poffibles depuis zéro jufqu'à 63 degrés.

Conftamment jaunes & rouges lorfque le globe
n'eft expofé qu'à la lumière du foleil, ces Iris
fe contractent par la réfraction, & deviennent
plus vives à mefure que l'œil s'incline à l'axe
des rayons incidens ; mais elles ne fe changent
en points radieux, que lorfqu'elles coïncident
avec la feconde image réfléchie, qu'elles tei-
gnent alors de leurs couleurs. Auffi ces points
radieux ne paroiffent-ils qu'aux bords de la fphère.

Là paroît alors une autre image réfléchie par

deux, le bleu eft interne, le rouge externe ; enfin, le
bleu & le jaune rapprochés produifent du vert par leur
mélange ; & toutes ces couleurs fe voient à la fois.

la même furface , & circonfcrite des mêmes couleurs , mais difpofées en ordre inverfe : elle fe
réunit à la feconde , & leur réunion augmente
l'éclat des points radieux.

Cette nouvelle image formée des rayons
a e f g, comme l'autre eft formée des rayons
a b c d paroît même dès que les incidens
& les émergens forment un angle de 26°, c'eft-
à-dire très-long-temps avant que ces images fe
réuniffent , & que les points radieux viennent
à paroître. Si leurs couleurs paroiffent en ordre
inverfe , c'eft qu'elles coupent fur les bords
oppofés des Iris de l'image formée par réfraction.

En même temps , ou prefque en même temps ,
paroît du côté oppofé une image folaire radieufe jaune & rouge , produite par les rayons
a h i k l ; & du même point cette image paroît également double. Ainfi les images apparentes à l'un des côtés de la fphère font toutes
produites par des rayons incidens fur l'autre
côté ; mais il y a entr'elles cette différence
que ceux des premières parviennent à l'œil après
deux réfractions & une feule réflexion intermédiaire ; tandis que ceux des dernières n'y parviennent qu'après deux réfractions & deux réflexions intermédiaires.

De ces obfervations il réfulte que le fpectateur ayant le dos tourné au foleil , chaque

Fig. 18,

Fig. 19.

O 2

goute de pluie devroit dans certaine pofition lui faire appercevoir à la fois , ou deux images folaires acolores très-vives tant que les rayons émergens formeroient avec les rayons incidens un angle quelconque au-deſſous de 16° , & dans d'autres pofitions deux images folaires également acolores tant que ces rayons formeroient un angle quelconque au-deſſous de 57° ; ou trois images, dont une acolore & deux colorées , tant que ces rayons formeroient des angles de 57 à 58° ; ou cinq images dont une acolore & quatre colorées, dès que ces rayons formeroient un angle de 58°. Mais à l'inſtant où l'angle deviendroit plus grand, toutes ces images difparoîtroient à la fois , & celle que réfléchit la première furface feroit feule apparente.

Ainſi dans certaines pofitions, les goutes de pluie ne devroient faire voir , au lieu d'Iris , que deux zones blanches radieufes. Dans d'autres pofitions , elles devroient faire voir une Iris (1) de 32 à 34° de diamètre ; mais colorée en rouge & jaune feulement , & toujours accompagnée d'une zone blanche radieufe. Dans d'autres pofitions encore , elles devroient faire voir deux

––––––––––––

(1) A très-petite diftance les images doubles colorées ne forment plus qu'un point radieux ; auſſi concourent-elles à former la même Iris.

Iris femblables , toujours accompagnées d’une
zone blanche radieufe , & n’ayant pour intervalle que le diamètre des goutes de pluie. Enfin
dans d’autres pofitions , elles ne devroient faire
voir qu’une zone blanche radieufe.

Mais c’eft trop long-temps s’arrêter à de vains
calculs ; montrons que les rayons folaires , de
quelque manière qu’ils foient réfractés ou réfléchis par des goutes de pluie , ne peuvent jamais
former d’arc-en-ciel ; pour cela ayons recours
à des obfervations qui n’auroient pas dû échapper à notre profond Géomètre.

Nous avons vu toutes les images que réfléchit une fphère d’eau , diminuer de grandeur
à mefure que l’œil s’éloigne , & fe changer enfuite en points radieux : mais bientôt ces points
radieux diminuent eux-mêmes pour difparoître
tout-à-fait. Plus le diamètre de la fphère eft petit , plutôt ils difparoiffent , & dans une fphère
d’une ligne & demie , ils ceffent d’être vifibles à
la diftance de 40 pieds , même pour un fpectateur placé en lieu obfcur. A cette diftance
s’évanouiffent donc , par la difperfion totale de
leurs rayons , & Iris & zones blanches radieufes.

Jaloux de porter la démonftration au plus

haut point d'évidence, j'ai imaginé une expérience dont les réfultats ne laiffent rien à defirer.

Exp. 16.   *Ayant fait fouffler cinq cents bulles de verre*
très-mince, de deux lignes en diamètre chacune,
& toutes bien fphériques, je les remplis d'eau
diftillée, & je maftiquai leurs tubes à une bande
de baleine très-flexible, dont les deux bouts étoient
viffés fur une zone de bois, montée à colonne, &
ayant un mouvement de genouil. J'expofai fur une
terraffe cette zone aux rayons du foleil. Enfin je
me plaçai dans une petite chambre obfcure mobile,
à telle diftance que les arcs formés par les bulles
avoient les dimenfions que Newton a fixées à l'Iris
interne (1)*, c'eft-à-dire que les rayons incidens*
& les rayons émergens formoient à l'œil des angles
de 41 à 42° : mais je ne vis point paroître d'Iris.
Puis m'étant placé à telle diftance que ces rayons
formoient des angles de 15 à 17°, je variai
l'inclinaifon de l'œil, & dans certaines pofitions,

---

(1) Dans un cercle de 3 pieds de rayon,

10° ont une corde de   72   lignes.

2°-15'. largeur corrigée de l'arc interne,
ont une corde de   16 $\frac{6}{40}$.

3°-40'. largeur corrigée de l'arc externe,
ont une corde de   28 $\frac{17}{40}$.

Et 8°-25'. intervalle corrigé de ces Iris,
ont une corde de   64 $\frac{24}{40}$.

je vis paroître au lieu d'arc-en-ciel, des points jaunes & rouges épars çà & là.

Ces points devinrent toujours plus petits à me-sure que je m'éloignai, & à la distance de 40 à 41 pieds, ces points eux-mêmes disparurent tota-lement.

Encore un mot sur cet article.

Persuadé que le mouvement rapide des goutes de pluie ne peut qu'influer beaucoup sur les phénomènes, je fis tous mes efforts, un jour qu'il pleuvoit abondamment tandis que le soleil luisoit, pour appercevoir quelque trait solaire réfléchi par ces goutes : mais quoique j'eusse pris toutes les précautions possibles pour assurer le succès de l'observation, je ne pus jamais parvenir à distinguer le moindre rayonne-ment.

Il est donc bien démontré que le travail de Newton sur l'arc-en-ciel est purement hypothé-tique. Ainsi, malgré que ces hypothèses paroissent d'abord quadrer avec quelques circonstances du phénomène, elles ne rendent raison ni des in-tervalles, ni de la position, ni de l'étendue, ni de la forme, ni des couleurs de l'arc-en-ciel, pas même des heures où il paroît, pas même du lieu où il est vu. D'ailleurs mille ob-servations constantes les infirment, mille faits décisifs les démentent, & par une double inconféquence , elles ne s'accordent pas même avec les principes de l'Auteur (1).

Concluons que *les rayons hétérogènes , fuppofés émergens du nombre prodigieux de goutes de pluie qui tombent de la nue , ne fauroient former d'Iris féparées.*

C'en eft affez fur les détails de cette doctrine , fi féduifante au premier coup d'œil : nous avons détruit l'édifice par parties , renverfons-en les fondemens.

----

(1) J'ai fait voir que les dimenfions des Iris ne fuivent aucunement les prétendus rapports de réfrangibilité.

SECONDE PARTIE.

« *L'Explication de l'Arc-en-Ciel donnée*
» *par Newton, porte-t-elle sur des prin-*
» *cipes incontestables ?* »

ELLE porte sur le *système de la différente
réfrangibilité*, & elle suppose *le système des accès
de facile réflexion & de facile transmission*. L'un
& l'autre paroissent établis sur des expériences
incontestables ; mais le premier ne se soutient
pas à l'examen, le dernier ne satisfait pas l'esprit, & tous deux sont également faux. En fesant passer sous vos yeux les preuves non moins
évidentes que nombreuses de cette assertion,
je me bornerai, Messieurs, à des faits simples,
constans, décisifs, suivant le vœu de votre
Société.

Examen du système de la différente réfran-
gibilité.

Avant de discuter ce point capital, où tant
de Physiciens & de Géomètres fameux se sont
égarés sur les traces de Newton, je m'arrête-

rois, Meſſieurs, à développer les lois de Dioptrique qui doivent ſervir de baſe à mon examen, ſi elles vous étoient moins familières :
j'entre donc en matière ſans aucun préam-
bule.

Les expériences ſur leſquelles Newton établit
l'hypothèſe de la différente réfrangibilité, à la
IIe près, ſont toutes d'induction : car il ne
donna en preuve les phénomènes qu'elles préſentent, que parce qu'il ne put les expliquer
par aucune autre hypothèſe. Cette expérience
fut faite à la foible lumière d'une chandelle;
Exp. 17. mais *en la répétant à la clarté du ſoleil, on trouve
ſes réſultats diamétralement oppoſés à ceux que l'Auteur annonce.* Un fait de cette nature ſuffiroit
pour renverſer le ſyſtéme dont l'examen nous
occupe, & je m'y bornerois avec confiance,
s'il ne m'en reſtoit un grand nombre d'autres,
non moins déciſifs, & beaucoup plus ſaillants.

Les expériences dont ce ſyſtême eſt étayé ſont
preſque toutes déduites de la IIIe; & cette expérience eſt complettement illuſoire, puiſqu'il
eſt inconteſtable que les rayons ſolaires ſont déjà
décompoſés avant d'être tranſmis au priſme : ſi
les hétérogènes paroiſſent différemment réfractés

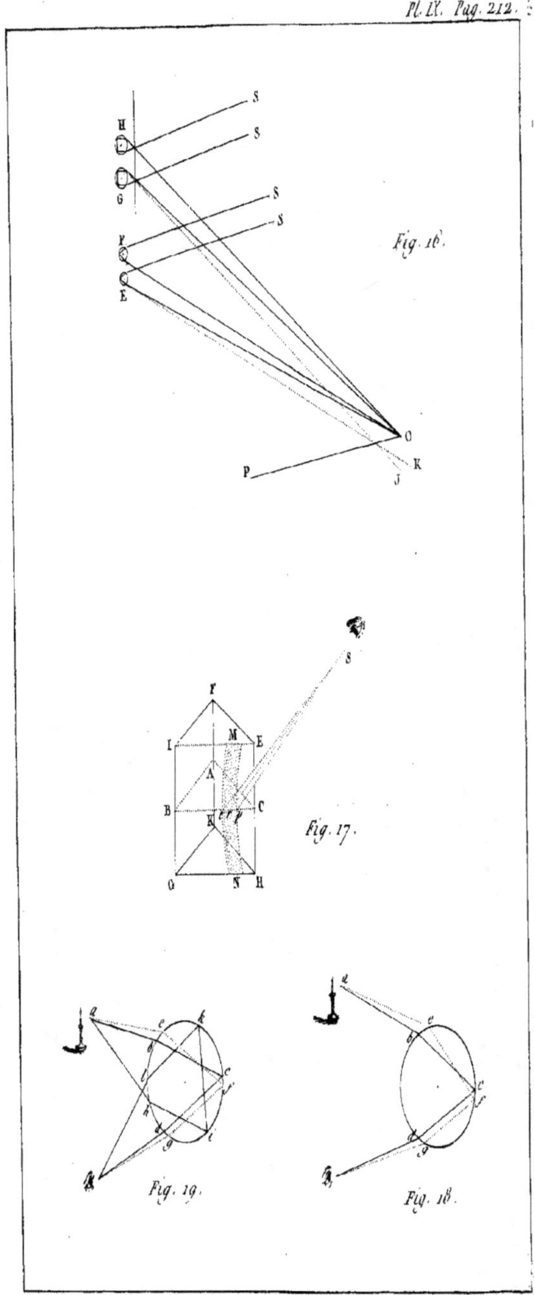

S
S
S
S
H
G
F
E
Fig. 16.
O
K
P
J
Fig. 17.
F
I
M
E
A
B
C
K
Q
N
H
S
Fig. 19.
a
e
k
c
b
Fig. 18.
a
e
c
b
g

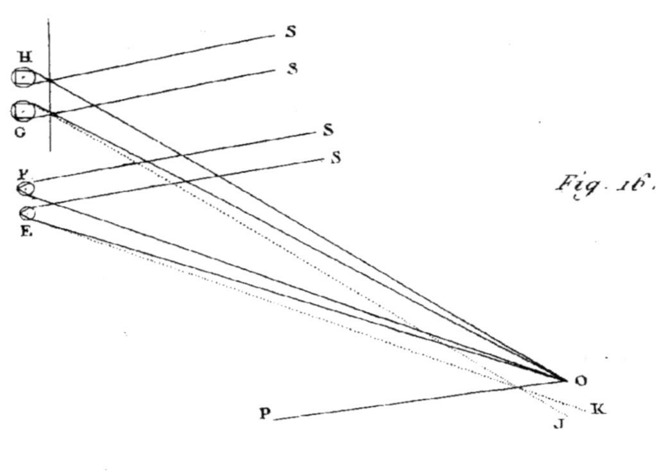
S
S
S
S
H
G
y
E
O
P
K
J
Fig. 16.

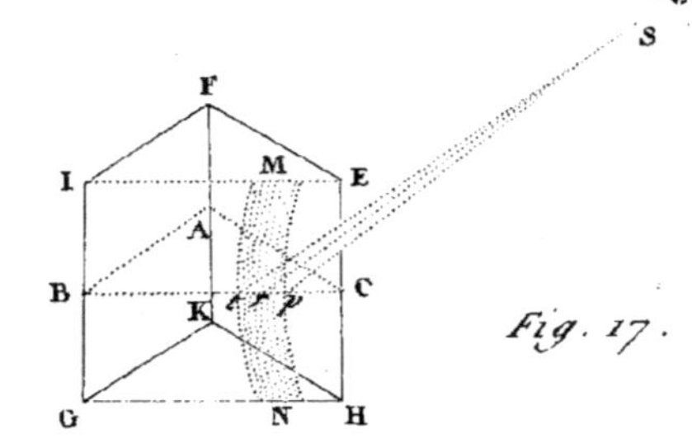
S
F
I
M
E
A
B
C
K
G
N
H
Fig. 17.

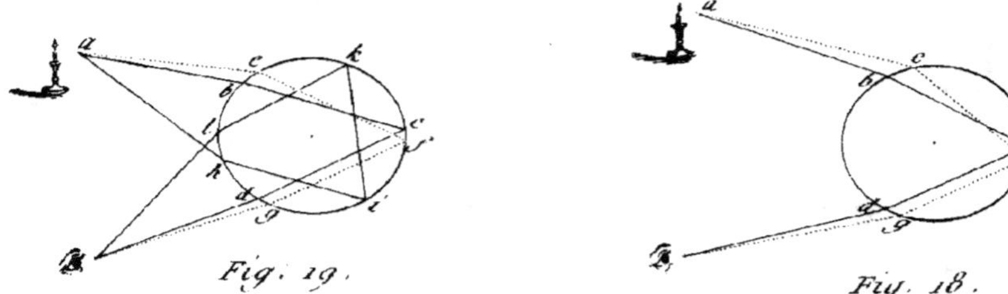
a
c
k
b
l
c
h
d
i
g
Fig. 19.
a
c
b
d
g
Fig. 18.

à leur émergence de la dernière furface, c'eſt qu'ils n'ont pas tous la même direction à leur incidence ſur la première : mais il faut ici une démonſtration complette. On ſent bien qu'il importe avant tout de rapporter en ſubſtance le texte de cette expérience fondamentale : faiſons donc parler l'Auteur.

« Ayant introduit un faiſceau de rayons ſolaires dans une chambre fort obſcure par un trou rond de quatre lignes, percé au volet de croiſée, je le fis paſſer à travers un priſme de verre pur, de manière que la réfraction les projetoit ſur le mur au fond de la chambre, où ils traçoient une image colorée du Soleil. En tournant de part & d'autre, mais lentement, le priſme ſur ſon axe qui étoit perpendiculaire aux rayons, je voyois l'image monter & deſcendre. Lorſqu'elle parut ſtationnaire entre ces deux mouvemens oppoſés, je fixai le priſme ; car alors les réfractions des rayons aux deux côtés de l'angle réfringent étoient égales entr'elles : enſuite je reçus cette image ſur une feuille de papier blanc perpendiculaire aux rayons; puis j'obſervai ſes dimenſions & ſa figure. Oblongue ſans être ovale, elle étoit terminée aſſez nettement par deux côtés rectilignes & parallèles, mais confuſément par deux bouts ſemi-circulaires, où la lumière s'affoibliſſant peu-à-peu, s'évanouiſſoit enfin tout-à-fait. La largeur de l'image colorée répondoit à celle du diſque ſolaire ; car à 18 pieds ½ du volet elle ſoutendoit au priſme un angle d'environ demi-degré, qui eſt le diamètre apparent du Soleil. Mais ſa longueur étoit d'environ 10 pouces ½, & celle des côtés rectilignes, d'environ 8 pouces, lorſque l'angle réfringent avoit 64 degrés : car lorſque cet angle étoit plus petit, la longueur de l'image étoit auſſi plus petite, ſa largeur demeurant la même. Comme les rayons émergeoient du verre en ligne droite, ils avoient tous l'inclinaiſon réciproque qui donnoit la longueur de l'image, c'eſt-à-dire, une inclinaiſon de plus de 2 degrés & ½. Suivant les lois connues de la Dioptrique, il n'étoit pourtant pas poſſible qu'ils fuſſent ſi fort inclinés l'un à l'autre. Car ſoient E G le volet; F le trou qui donne paſſage au faiſceau de rayons ; A B C le priſme vu par un de ſes bouts ; X Y le Soleil ; M N le papier blanc ſur lequel eſt projetée l'image ſolaire P T, dont les côtés parallèles *v* & *w* ſont rectilignes, & les extrémités P & T ſemi-circulaires. Soient auſſi Y K H P, & X L J T, deux rayons dont le premier, allant de la partie inférieure du Soleil à la partie ſupérieure de l'image, eſt réfracté par le priſme en K & H; & le dernier allant de la partie ſupérieure du

Fig. 3.
P. M.

Soleil à la partie inférieure de l'image, eſt réfracté en L & J. Cela poſé, il eſt clair que
la réfraction en K étant égale à la réfraction
en J, & que la réfraction en L étant égale à
la réfraction en H; les réfractions totales des
rayons incidens en K & L, ſont égales aux réfractions totales des rayons émergens en H
& J : d'où il ſuit, (en ajoutant choſes égales
à choſes égales) que les réfractions en K & H,
priſes enſemble, ſont égales aux réfractions
en J & L, priſes enſemble : par conſéquent,
les deux rayons ſuppoſés également réfractés,
devroient conſerver, après leur émergence,
l'inclinaiſon qu'ils avoient avant leur incidence,
c'eſt-à-dire, l'inclinaiſon d'un demi-degré, diamètre apparent du Soleil ».

« La longueur de l'image ſoutendroit donc
au priſme un angle d'un demi-degré, elle ſeroit
donc égale à la largeur v, w ; ainſi l'image P w T v
ſeroit ronde : ce qui arriveroit infailliblement,
ſi les deux rayons Y L J T & Y K H P, & tous
les autres qui concourent à la former étoient
également réfrangibles. Mais puiſqu'elle eſt environ cinq fois plus longue que large, les rayons
portés par la réfraction à ſon extrémité ſupérieure P, doivent être plus réfrangibles que
les rayons portés à ſon extrémité inférieure T,
ſi toutefois leur inégalité de réfraction n'eſt

pas accidentelle. Or, l'image P T étant rouge à son extrémité supérieure ; violette à son extrémité inférieure ; & jaune, verte, bleue dans l'espace intermédiaire ; il suit de-là nécessairement que les rayons qui diffèrent en couleur, diffèrent aussi en réfrangibilité ».

Voici donc en peu de mots à quoi se réduit cette démonstration spécieuse.

Tout faisceau de rayons solaires réfractés par un prisme forme l'image colorée que l'on nomme *Spectr*. Quoique leurs réfractions aux surfaces réfringentes soient égales, cette image est plus ou moins allongée, suivant que ces surfaces sont plus ou moins inclinées entr'elles : mais quelles que soient ses dimensions, toujours ses couleurs occupent différens espaces. De l'impossibilité apparente que Newton trouvoit à ramener la longueur du spectre stationnaire aux lois connues de la Dioptrique, il conclut l'inégale réfrangibilité des rayons hétérogènes : il leur avoit supposé le même angle d'incidence, le moyen que sans être plus ou moins réfrangibles, ils pussent se réfracter plus ou moins les uns que les autres !

Rien de plus juste que cette induction, si elle découloit de principes bien établis ; mais elle est tirée de deux hypothèses également fausses :

les rayons qui forment le fpectre n'ayant pas tous à leur incidence fur le prifme les mêmes directions, & les rayons qui en forment les teintes étant tous décompofés avant leur incidence. La preuve eft fans replique, car les rayons folaires fe dévient & fe décompofent néceffairement au bord du trou deftiné à les introduire dans la chambre obfcure, comme ils fe dévient & fe décompofent conftamment à la circonférence de tous les corps : vérité inconteftable que Newton n'ignoroit pas, lui qui avoit confacré un livre entier de fon Optique à l'analyfe de l'expérience de Grimaldi ; toutefois il ne la fit entrer pour rien dans l'explication du fpectre : ainfi fa démonf-tration ne renfermant pas tous les élémens effen-tiels, eft néceffairement manquée.

Mais pour mieux fentir ce qu'elle a de dé-fectueux, comparons les phénomènes qu'offrent les rayons folaires réfractés par le prifme, aux phénomènes qu'ils offriroient s'ils étoient diffé-remment réfrangibles : parallèle qui va nous fournir contre l'Auteur une foule d'obfervations auffi neuves que frappantes.

Oui, Meffieurs, c'eft en vain que ce fublime Géomètre s'efforce de ramener les phénomènes du fpectre à la différente réfrangibilité des rayons hétérogènes. Ici j'entends les partifans de la doc-trine que je réfute crier au paradoxe. Quelle apparence, objectent-ils, que Newton fe foit fait illufion à lui-même toute la vie, & que le apparence qu'il en ait impofé à l'Europe favante pendant un fiècle entier ! —— Rien de plus conftant néanmoins : l'imputation paroîtra fans doute étrange, mais elle va être juftifiée par des preuves irréfiftibles. Daignez les pefer avec cette impartialité fcrupuleufe qui caractérife les vrais fcrutateurs de la Nature, les amis de la vérité.

Newton enfeigne que le fpectre eft formé d'images folaires différemment colorées, & égales en nombre aux différentes efpèces de rayons qu'il fuppofe compofer la lumière immédiate du foleil (1). Il prétend que ces images, toutes de même diamètre, s'y trouvent fuperpofées de manière à empiéter plus ou moins les unes fur les autres ; mais que leurs teintes ne font bien développées qu'autant que les réfractions de leurs rayons aux furfaces réfringentes font égales. Enfin il veut que la longueur du fpectre ftationnaire, formé d'un faifceau de rayons tranfmis par un prifme (fans défauts) de 64 degrés, & projetés à 20 pieds de diftance, excède

____

(1) Voyez la Ve Expérience de la première Partie de fon Optique.

au moins cinq fois la largeur, toujours cor-
refpondante au diamètre apparent du foleil :
voilà d'ingénieufes conjectures, mais ces conjectures ingénieufes l'obfervation les dément.

Ne touchons point à l'appareil, & obfervons
d'abord que le prifme étant fixé dans la pofition
recommandée, la longueur du fpectre varie beaucoup à mefure que le plan où il eft projeté fe
trouve plus ou moins incliné à l'axe des rayons
émergens. Il fuit delà bien évidemment que fi
le fpectre ftationnaire, projeté à 18 pieds & $\frac{1}{2}$ de
diftance fur un plan perpendiculaire à l'horifon,
eft à peu près cinq fois plus long que large ;
ce n'eft pas comme notre Auteur l'établit, que
les rayons hétérogènes foient bien féparés ; c'eft
que les rayons déviés & décompofés aux bords
du trou fait au volet pour leur livrer paffage,
tombent fur ce plan fous une grande obliquité.
On voit par-là ce qu'il faut penfer des dimenfions affignées à la prétendue image colorée
du foleil.

Une condition que l'Auteur fuppofe effencielle à la réuffite de l'expérience, c'eft QUE LES
RÉFRACTIONS AUX SURFACES RÉFRINGENTES
SOIENT ÉGALES. *Mais tandis que le fpectre eft* Exp. 18.
ftationnaire, fi on préfente contre le prifme une
bandelette de papier très-mince, de manière que

P

tangente au bord supérieur de la dernière surface, elle soit perpendiculaire à l'horison ; les rayons émergens formeront un champ ellyptique dont le grand diamètre sera horisontal ; & ce champ se trouvera presque tout couvert de larges croissans colorés. Ainsi loin que les réfractions totales des rayons du spectre soient égales, celles des rayons des croissans supérieurs & inférieurs sont telles qu'ils convergent réciproquement entr'eux. Conséquences dont on ne peut révoquer en doute la vérité ; *puisqu'il suffit d'incliner davantage la première surface aux rayons incidens pour que le champ devienne circulaire, & ne soit plus circonscrit que de très-petits croissans colorés, quoique le plan où l'image se peint reste dans la même position.*

Exp. 19.

Exp. 20. *Ces rayons sont-ils projetés à vingt pouces du prisme ? Le champ continue d'être circulaire, & simplement circonscrit de croissans colorés ; au lieu que dans l'inclinaison recommandée par Newton, il offre à deux pouces du prisme un spectre tout formé.*

Exp. 21. *Que si la bandelette, éloignée de quelques lignes, est parallèle à la dernière surface réfringente ; les rayons émergens formeront un spectre, dont la longueur excédera au moins douze fois la largeur.* Ainsi ces rayons s'entre-mêlent sur le plan qui les reçoit ; & les teintes de l'image colorée viennent de leur mélange , non de leur féparation.

Redonnons aux furfaces réfringentes l'inclinaifon la plus propre à rendre circulaire le champ des rayons qui émergent ; & d'après le fyflème de l'Auteur, voyons dans quel ordre les couleurs du fpectre devroient fe développer. Tandis que le prifme eft dans cette pofition, les prétendues images colorées du foleil coïncident : ainfi réunies , elles devroient en former une parfaitement acolore ; cependant , fi on applique une bandelette de papier très-fin à la dernière furface réfringente , le champ de lumière fera circonfcrit de filets colorés. Exp. 224

Puifque ce champ eft fuppofé conferver fa blancheur auffi long-temps que les prétendues images colorées du foleil coïncident avec exactitude, il ne doit paroître coloré, que lorfque ces images fe dégagent. Or leurs rayons refpectifs ne commençant à fe féparer qu'au feul côté du champ vers lequel porte la réfraction ; en les projetant fur un plan perpendiculaire à l'axe de leur faifceau , aucune teinte ne devroit s'appercevoir, fi ce n'eft un petit croiffant violet à l'une des extrémités du champ : toutefois on remarque , d'un côté, un croiffant bleu circonfcrit d'un violet; de l'autre côté, un croiffant jaune circonfcrit d'un rouge.

Newton enfeigne qu'à mefure qu'on éloigne

du prifme le plan où les rayons font projetés ;
les prétendues images colorées du foleil fe dégagent les unes des autres fous la forme de
croiffans. Ainfi, tant qu'elles coïncident, le croiffant violet à l'extrémité fupérieure du champ
pourroit feul paroître de la couleur des rayons
qui le forment : car ces rayons étant les plus
réfrangibles de tous, feroient les feuls encore
complettement féparés. A l'égard des croiffans intermédiaires, comme plufieurs efpèces de rayons
s'y trouvent confondues, on les verroit fous des
teintes étrangères : teintes d'autant plus foibles &
plus indécifes, qu'elles s'éloigneroient moins de la
dernière image ; puifqu'elles réfulteroient du mélange d'un plus grand nombre de rayons différens.

Enfin, le croiffant rouge ne paroîtroit fous fa
vraie couleur que lorfque les deux dernières
images cefferoient de coïncider exactement, fes
rayons étant les moins réfrangibles de tous.

Aucun des croiffans placés entre les extrêmes,
ne pourroit donc être vu fous fa vraie couleur,
que les prétendues images colorées du foleil ne
fuffent totalement féparées ; & alors ces croiffans dégagés de plus en plus les uns des autres,
deviendroient circulaires eux-mêmes.

Ces conféquences découlent néceffairement
des différens degrés de réfrangibilité attribués
aux rayons hétérogènes : mais l'expérience les

dément; car quoique le champ de lumière n'ait presque rien perdu de fa rondeur, il n'en eft pas moins circonfcrit de croiffans dont toutes les couleurs font décidées, nettes, brillantes.

A mefure qu'il s'allonge, c'eft-à-dire à mefure que quelque image cefferoit de coïncider, ces couleurs perdent toujours de leur éclat : d'où il fuit qu'elles ne feroient jamais plus brillantes que lorfque leurs rayons refpectifs fe trouveroient le plus confondus.

Comme les croiffans rouge & violet paroiffent toujours au même inftant & de même étendue, les rayons orangés, jaunes, verts, bleus & indigos, ne feroient pas moins féparés des rouges que les violets eux-mêmes ; car le champ de lumière eft à peine allongé de l'étendue du croiffant rouge : ainfi les images orangées, jaunes, vertes, bleues & indigos tomberoient alors fur les violettes ; comment donc le croiffant violet feroit-il apparent? D'une autre part, les rayons indigos, bleus, verts, jaunes & orangés, ne feroient pas plus féparés des violets que les rouges eux-mêmes; car le champ de lumière eft à peine allongé de l'étendue du croiffant violet : ainfi les images indigos, bleues, vertes, jaunes & orangées tomberoient alors fur la rouge; comment donc le croiffant rouge feroit-il apparent ?

P 2

Vous êtes fans doute frappés de ces inconféquences ; mais , Meffieurs , il en eft d'autres plus
frappantes encore.

A quelques lignes du prifme où fe trouve le
plan , lorfque les croiffans rouge, jaune , bleu
& violet commencent à paroître ; le champ de
lumière n'a prefque rien perdu de fa rondeur :
néanmoins il devroit être extrêmement allongé?
— Pourquoi cela ? — Parce que les rayons qui
forment les prétendues images colorées du foleil , dont ces croiffans font fuppofés faire partie,
émergent du prifme en s'éloignant les uns des
autres proportionnellement à leurs degrés refpectifs de réfrangibilité. Or , puifqu'aucune teinte
du fpectre n'eft pure qu'autant que fes rayons
fe trouvent bien féparés des autres ; le croiffant jaune ne devroit commencer à paroître fous
fa vraie couleur , qu'après que toutes les images
violettes, toutes les images indigos , toutes les
images bleues , toutes les images vertes feroient
parfaitement féparées. En bornant à mille le
nombre réputé infini des nuances de chaque
couleur principale ; le champ de lumière auroit
donc alors en longueur près de quatre mille fois
fon diamètre.

Il y a mieux. On a vu que, felon Newton ,

le spectre est formé d'images solaires, égales en diamètre & différentes en couleur, superposées de façon à empiéter plus ou moins les unes sur les autres. Mais qu'on examine le champ des rayons solaires projetés sur un plan à quelques lignes du prisme, le haut paroîtra immédiatement circonscrit d'un croissant bleu contigu à un violet ; le bas, d'un croissant jaune contigu à un rouge ; & comme ce champ n'a presque rien perdu de sa rondeur, le croissant jaune coïncide alors avec l'image rouge, & le croissant bleu avec l'image violette : or leurs rayons respectifs se trouvant tous confondus, le premier devroit être orangé, le dernier indigo. Comment donc ces rayons ne donnent-ils pas les teintes qui doivent résulter de leur mélange ? L'Auteur est donc ici singulièrement en défaut.

Qu'on éloigne un peu du prisme le plan où les Exp. 23. *rayons sont projetés, les croissans violet, bleu, jaune & rouge s'étendront insensiblement : du mélange des supérieurs résultera un croissant indigo, & du mélange des inférieurs un croissant orangé :* mais celui-ci ne devroit pas résulter d'un mélange du jaune & du rouge, ni celui-là d'un mélange du bleu & du violet ; puisque leurs rayons sont réputés également primitifs. L'Auteur est donc ici encore singulièrement en défaut.

P 4

Exp. 24. *Qu'on éloigne un peu plus le plan ; les croif-*
fans bleu & jaune s'étendront par degrés, ils
deviendront contigus, & feront difparoître la blan-
cheur de l'efpace intermédiaire : or comment
auroient-ils des teintes pures au milieu du
champ, tandis que leurs rayons refpectifs feroient encore confondus avec ceux de toutes
les autres teintes du fpectre ; car à ce point
le champ de lumière ceffe à peine d'être circulaire ? L'Auteur eft donc de même ici fingulièrement en défaut.

Exp. 25. *Qu'on éloigne davantage le plan, les rayons*
des croiffans bleu & jaune fe mêleront, & de leur
mélange réfultera une teinte verte : or dès que cette
teinte réfulte du mélange de ces croiffans, les
rayons verts ne font pas primitifs, comme on
le fuppofe. L'Auteur eft donc toujours ici fingulièrement en défaut.

Exp. 26. *En continuant d'éloigner le plan, le fpectre fe*
développe peu-à-peu ; mais fes teintes deviennent
toujours moins nettes, moins brillantes : elles ne
feroient donc jamais moins pures, que lorfque
leurs rayons refpectifs feroient le mieux féparés !

Ainfi ce que notre illuftre Auteur dit de la
formation du fpectre eft oppofé aux phénomènes, foit à l'égard des couleurs fous lefquelles
paroîtroient les prétendues images colorées du foleil, foit à l'égard de l'ordre qu'elles obferveroient

en fe développant, foit à l'égard de l'inftant où elles fe manifefteroient. Son fyftême eft donc éternellement démenti par l'expérience.

Pourfuivons. Dans ce fyftême les rayons folaires qui émergent du prifme, encore tous confondus, devroient former un champ parfaitement circulaire & parfaitement acolore. Si les bords en devenoient irifés, ce ne feroit que lorfqu'ils ne fe trouveroient plus illuminés par tous les rayons hétérogènes à la fois : mais les couleurs du fpectre ne pourroient paroître avec netteté, qu'après que les prétendues images colorées du foleil feroient bien féparées, c'eft-à-dire lorfque la longueur du champ feroit prodigieufe ; au lieu que ces couleurs font très-brillantes avant qu'elle ait un diamètre & demi. Phénomènes diamétralement oppofés aux principes de l'Auteur.

Ce n'eft pas tout. Il eft conftant que la longueur du fpectre dépend de l'inclinaifon des furfaces réfringentes. *Eft-il ftationnaire & parfaitement développé? fi on incline la première furface aux rayons incidens, jufqu'à ce qu'il y ait égalité entre les réfractions totales ; peu à peu il s'accourcira au point de devenir circulaire : cependant fes teintes n'en feront que plus vives & plus pures. L'inclinaifon vient - elle à augmenter? le fpectre s'accourcit de plus en plus, & fa longueur* Exp. 27.

devient moindre que fa largeur : mais fes teintes acquièrent encore plus d'éclat. Phénomène fi oppofé aux principes de l'Auteur, qu'il fuffiroit feul pour les renverfer.

Il eft donc hors de doute que le fpectre n'eft pas formé d'une infinité d'images folaires, égales en diamètre & différentes en couleur, fuperpofées de façon à empiéter plus ou moins les unes fur les autres : la lumière immédiate du foleil n'eft donc pas compofée d'une infinité de rayons hétérogènes, & ces rayons ne font pas différemment réfrangibles.

Allons plus loin , & démontrons que les rayons qui forment le fpectre viennent du foleil tous décompofés.

Exp. 28. *Lorfqu'on regarde le foleil à travers un prifme fixé fur fon fupport , & incliné de manière que toutes les couleurs de l'image foient bien développées ; rien de fi facile que de les intercepter féparément , au moyen d'une bandelette de papier appliquée contre la première furface réfringente , ou même interpofée à quelque diftance.* Mais comme l'œil doit alors être armé d'un verre noir , afin de n'être pas bleffé par l'éclat éblouiffant de Exp. 29. l'aftre, l'expérience fe fait beaucoup mieux *en regardant la pleine lune.*

Puis donc que chaque efpèce des rayons hé-

térogènes qui forment le fpectre peut être interceptée avant fon incidence fur le prifme, il
eft évident que la lumière y tombe toute décompofée : le prifme n'a donc aucune part à
fa décompofition. Ainfi les phénomènes allégués
en preuve du fyftême de la différente réfrangibilité font tous iilufoires, & ce fyftême eft lui-
même deftitué de tout fondement.

Examen du fyftême des accès de facile ré- flexion & de facile tranfmiffion.

Il importe avant tout d'en donner une idée
nette & précife, en raffemblant les divers frag-
mens où il eft contenu ; ce qui n'eft pas chofe facile.

Newton débute par pofer en fait que tous
les corps tranfparens, acolores & fort minces,
tels que l'eau, le verre & l'air, réduits en bulles
ou en lamelles, offrent différentes couleurs qui
correfpondent à leur ténuité : puis il obferve
qu'entre les furfaces courbes des verres comprimés paroiffent de même des couleurs autour d'une tache noire, placée aux points de
contact (1).

Il penfe que cette tache eft caufée par la
tranfmiffion de la lumière incidente, dont le

____

(1) Nouvelle Trad. Iᵉ. Part. Liv. II, Vol. II, p. 1-7.

paffage, à cet endroit, eft auffi libre qu'il le
feroit, fi les verres ne formoient qu'une même
maffe : & il fait réfulter ces couleurs de la lumière réfléchie par la lame d'air interpofé (1).

Selon lui , ces couleurs paroiffent autour de
la tache centrale , fous la forme d'arcs concentriques , déliés & à-peu-près conchoïdaux ; dès
que les verres font affez inclinés pour que les
rayons incidens commencent à être réfléchis :
puis ces arcs s'étendent peu-à-peu jufqu'à devenir annulaires (2). D'abord rouges , jaunes ,
verts , bleus & violets , ces anneaux forment
plufieurs fuites femblables d'Iris alternativement féparées par des anneaux noirs & des
anneaux blancs (3).

Lorfque l'inclinaifon des verres eft portée à
certain degré ; les anneaux colorés fe rétréciffent peu-à-peu, & de part & d'autre s'approchent du blanc jufqu'à s'y confondre : alors ils
ne paroiffent que blancs ou noirs ; puis ils en
reffortent colorés , formant plufieurs fuites dont
les couleurs difpofées en ordre inverfe (4) ,
ont d'autant moins d'intenfité qu'elles s'éloignent davantage de la tache centrale.

____

(1) Obfervation 1e.
(2) Obfervation 2.
(3) *Ibidem.*
(4) *Ibidem.*

C'eſt à la lumière incidente, tour-à-tour réfléchie & tranſmiſe par la lame d'air intermédiaire, que l'Auteur attribue les anneaux alternativement blancs & noirs (1).

Quant aux différentes ſuites d'anneaux colorés, voici comment il eſſaie de les déduire
des épaiſſeurs de cette lame. Il meſure les diamètres des ſix premiers anneaux, & il établit
que leurs quarrés ſont dans la progreſſion arithmétique des nombres 1, 3, 5, 7, 9 & 11,
progreſſion qu'il ſuppoſe être celle des épaiſſeurs de la lame d'air, aux endroits où ils paroiſſent. Il meſure auſſi les diamètres des anneaux noirs qui ſéparent les anneaux colorés,
& il établit que leurs quarrés ſont dans la progreſſion arithmétique des nombres 2, 4, 6, 8,
10 & 12 (2). Cela fait, il détermine, par de ſa-
vans calculs, l'épaiſſeur de chaque partie de
cette lame d'air (3).

En regardant au travers des verres ſuperpoſés, on voit des anneaux colorés produits
par la lumière tranſmiſe, parfaitement ſemblables
à ceux qui ſont produits par la lumière réflé-

____

(1) Obſervation 5.
(2) *Ibid.*
(3) Obſervations 6, 7, 8, 9, &c.

chie : à cela près que la tache noire eſt devenue blanche ; & que dans les anneaux, le blanc ſe trouve oppoſé au noir, le rouge au bleu, le jaune au violet, le vert au pourpre. De-là l'Auteur conclut que la lame d'air intermédiaire eſt diſpoſée en certains endroits à réfléchir ou à tranſmettre tous les rayons hétérogènes indiſtinctement : de même qu'à réfléchir une eſpèce particulière de rayons au même endroit où elle en tranſmet une autre eſpèce : aptitude qu'il fait dépendre des différentes épaiſſeurs de cette lame (1). Ainſi la lame d'air auroit, dans l'étendue des intervales 1, 3, 5, 7, 9, 11, l'épaiſſeur exacte, requiſe pour réfléchir tous les rayons hétérogènes ; & dans l'étendue des intervales 2, 4, 6, 8, 10, 12, l'épaiſſeur exacte, requiſe pour tranſmettre tous ces rayons : tandis que dans certaine partie des premiers intervales elle auroit l'épaiſſeur exacte, requiſe pour ne réfléchir que telle ou telle eſpèce des rayons hétérogènes ; & dans certaine partie des derniers intervales l'épaiſſeur exacte, requiſe pour ne tranſmettre que telle ou telle eſpèce de ces rayons (2).

Mais comme il ne ſuffit pas, pour rendre rai-

____

(1) Obſervation 15.
(2) Obſervation 17.

fon des phénomènes d'attribuer cette viciffitude de réflexion & de tranfmiffion à la fimple
épaiffeur des plaques , ou , fi l'on veut, à la diftance de leurs furfaces ; l'Auteur a recours à
certaine action propagée de la première à la
feconde, de manière à avoir conftamment fes
retours & fes intermiffions à intervales égaux ,
durant un nombre indéterminé de viciffitudes (1).

A l'égard de l'aptitude des rayons à être réfléchis ou tranfmis à telle ou telle épaiffeur, il
la fait dépendre d'une propriété effencielle de
la lumière (2). Selon lui, dès qu'un rayon traverfe la première furface d'un milieu réfringent
quelconque, il acquiert une *difpofition tranfitoire*,
qui revient à intervales égaux : à chaque retour ,
il paffe à travers la feconde furface, & à chaque
intermiffion il en eft réfléchi (3).

Enfin Newton veut que les rayons incidens
produifent dans le milieu réfringent ou réfléchiffant, des vibrations femblables aux ondu-
lations que le jet d'une pierre excite dans l'eau ;
& prêtant à ces vibrations une vîteffe fupérieure
à celle de la lumière elle-même, il les fuppofe

---

(1) I Xᵉ Propof. de la I I Iᵉ Part. du Liv. I I. Nouv.
Trad. vol. 2 , pag. 97.

(2) *Ibid*.

(3) *Ibid.*

en état de l'atteindre. Ainsi, toutes les fois qu'un rayon se présente à l'instant où les vibrations s'accordent avec son mouvement, il est aisément transmis ; mais lorsqu'il se présente à l'instant où les vibrations s'opposent à son mouvement, il est aisément réfléchi. Chaque rayon se trouve donc disposé à être réfléchi ou transmis par la vibration qui l'atteint : or les retours de cette disposition, il les nomme *accès de facile réflexion & de facile transmission* (1).

Examinons maintenant cet étrange système.

Il ne faut pas beaucoup de sagacité pour s'appercevoir qu'il est sans exactitude dans l'exposition des phénomènes, & sans justesse dans leur explication. Quelques formules déduites d'une foule d'observations mal faites y sont érigées en principes. Par-tout le mouvement si régulier de la lumière y est assujeti à des lois capricieuses, par-tout on y a recours au merveilleux, & par-tout on y trouve inconséquences & contradictions. Mais ces imputations pourroient paroître hasardées, justifions-les par des preuves sans replique.

Il saute aux yeux que le *système des accès de*

____

(1) *Ibid.*

facile réflexion & de facile tranfmiſſion porte entièrement ſur une fauſſe hypothèſe : car l'Auteur débute par ſuppoſer que les corps diaphanes, acolores & fort minces ; tels que l'eau, le verre, l'air, réduits en bulles ou en lamelles, offrent différentes couleurs qui correſpondent à leur ténuité : quoiqu'il ſoit inconteſtable que l'eau & le verre blanc, bien purs, ſont toujours acolores, quelque minces que ſoient leurs couches.

Une fois parti de cette fauſſe hypothèſe pour établir comme vraie cauſe des couleurs que préſentent deux verres convexes ſuperpoſés, la lame d'air intermédiaire : il continue à la leur aſſigner, même après avoir reconnu qu'elle n'y a point de part (1) : puiſqu'on ne les apperçoit pas moins après que l'air a été remplacé par de l'eau, & puiſqu'elles ſont encore plus marquées dans le vide qu'en plein air.

Pour éclaircir les phénomènes, il paſſe de cette fauſſe obſervation à des obſervations inexactes.

A ſes yeux, les anneaux noirs étant toujours produits par la lumière tranſmiſe, & les anneaux blancs par la lumière réfléchie, il vit

____

(1) Obſervation 15.

par-tout des anneaux clairs & obfcurs, quelle que fût la couleur des rayons qui tomboient fur les verres (1) : & il en inféra que les uns & les autres dépendent de l'aptitude qu'a telle ou telle partie de la lame d'air intermédiaire à tranfmettre ou à réfléchir la lumière incidente : aptitude qu'il attribue aux différentes épaiffeurs de cette lame (2). Mais il ne faut qu'un coup-d'œil pour reconnoître que les prétendus anneaux blancs font jaunâtres, & que les prétendus anneaux noirs font violets (3) ; les phénomènes ont donc été mal obfervés par l'Auteur. J'en dis autant de ceux des anneaux colorés.

Il y a plus. A les fuppofer tels qu'il les annonce, le principe auquel il les rapporte eft inconcevable. En effet, comment concevoir une lame tranfparente ayant à telle épaiffeur la propriété de réfléchir tous les rayons ; à telle autre épaiffeur, la propriété de les tranfmettre tous ; & à telle autre épaiffeur, la propriété de

____

(1) Obfervations 13 & 14.

(2) Obfervation 15.

(3) De l'aveu même de l'Auteur, ces anneaux qui de loin femblent fi bien terminés, vus de près paroiffent confus ; on apperçoit même du violet aux bords de chaque anneau blanc.

Nouvelle Traduction, vol. I I , pag. 5.

ne tranfmettre ou de ne réfléchir que telle ou telle efpèce de rayons : car quelle propriété peut avoir la fimple diftance des furfaces pour difpofer cette lame à favorifer le paffage de la lumière ? La furprife augmente encore quand on fait attention que ces différentes épaiffeurs font fuppofées en progreffion arithmétique des nombres pairs & impairs.

Mais gliffons fur tant de merveilleux, & obfervons que ce principe fi fingulier ne rend raifon de rien. Prétendre que la clarté, l'obfcurité & les couleurs des anneaux dépendent des différentes épaiffeurs d'une mince lame d'air, c'eft fuppofer un effet fans caufe, parce que dans un fyftême où la réflexion n'eft pas produite par les parties impénétrables des corps, il faut une caufe active pour favorifer ou empêcher le paffage de la lumière.

D'ailleurs ce principe fi fingulier eft purement hypothétique : difons mieux, il eft démenti par les faits les plus décififs ; puifque les prétendus anneaux blancs & noirs, ou plutôt les anneaux colorés clairs & obfcurs ne font pas moins apparens, quoiqu'il n'y ait pas un feul rayon tranfmis : *comme on l'obferve toujours en pofant* Exp. 31. *l'objectif fur une plaque de verre noir, bien polie.* Dans ce cas les rayons incidens étant tous réfléchis devroient être acolores, & tous les anneaux

devroient difparoître. Ce que l'Auteur dit des anneaux vus par réflexion & par tranfmiffion eft
donc purement fictif. Ici, Meffieurs, paroiffent
dans tout leur jour l'abus de la fcience & la
vanité des fpéculations mathématiques : car à
quoi ont abouti tant d'expériences ingénieufes,
tant de fines obfervations, tant de favans calculs, tant de profondes recherches, qu'à établir une doctrine erronée qu'un fimple fait
renverfe fans retour ? Et pourquoi ont été pro-
digués tant d'efforts de génie, tant de formules
bizarres, tant d'hypothèfes révoltantes, tant de
merveilleux, que pour mieux faire fentir l'em-
barras de l'Auteur ?

On a vu quelle peine il a pris à établir les
différentes épaiffeurs de la lame d'air intermédiaire pour la vraie caufe des phénomènes. Mais
après avoir pofé un principe fi commode, il
femble l'abandonner tout-à-coup, en fefant dépendre de la fimple denfité d'une lame diaphane
quelconque, ce qui fait qu'elle a l'épaiffeur requife pour produire certaine couleur (1). La
différente réfrangibilité & la différente réflexibilité des rayons hétérogènes une fois admifes,
il eft facile de fentir quel rapport les phéno-

____

(1) Obfervation 21.

mènes peuvent avoir avec une lame de certaine épaiffeur : or, fi l'épaiffeur de cette lame doit être telle que les rayons réfractés à fa première furface, le foient précifément de la quantité néceffaire pour tomber fur une partie déterminée de la feconde furface, qui ne voit que l'épaiffeur de la lame doit varier, comme fon pouvoir réfringent, avec la denfité du milieu qui l'environne ?

Cette inconféquence eft fuivie de beaucoup d'autres, & l'Auteur lui-même femble bien fentir l'infuffifance de fes principes. Après avoir attribué aux corps minces & diaphanes la propriété de réfléchir & de tranfmettre fuivant leur épaiffeur, telle & telle efpèce de rayons; il attribue à une propriété effencielle aux rayons mêmes, leur difpofition à être réfléchis ou tranfmis à telle ou telle épaiffeur : affignant ainfi, fans s'en appercevoir, des caufes différentes au même effet.

Ne pouvant s'arrêter à aucun point, & tournant fans ceffe dans un cercle vicieux, il fuppofe que tout rayon de lumière traverfant la première furface d'un milieu réfringent quelconque, acquiert une difpofition tranfitoire qui revient à intervales égaux; qu'à chaque retour de cette difpofition, il eft tranfmis; & qu'à chaque intermiffion, il eft réfléchi : ai-

ternative qu'il attribue à quelque action propagée d'une furface à l'autre, de manière à
avoir conftamment fes retours & fes intermiffions à intervales égaux, durant un nombre
indéterminé de viciffitudes. Cette action inconcevable, il la fait confifter dans des vibrations
produites par les rayons incidens, vibrations qui
auroient une vîteffe fupérieure à celle de la lumière elle-même : or, felon lui, toutes les fois
que les rayons tombent à l'inftant où la vibration s'accorde avec leur mouvement, ils font
tranfmis ; mais ils font réfléchis, à l'inftant où
la vibration eft oppofée à leur mouvement.

Arrêtons-nous encore ici à relever ces inconféquences.

Dans le fyftême de l'Auteur, les parties of-
cillantes elles-mêmes réfléchiffent le rayon, &
cette caufe eft purement mécanique : la caufe
de la réflexion ne feroit donc pas cette force
occulte répandue à la fuperficie des corps,
qu'il s'eft efforcé d'établir quelque part (1).

Mais les ofcillations du milieu réfléchiffant
ne fauroient atteindre les rayons, qu'elles n'aient
une vîteffe fupérieure, c'eft-à-dire une vîteffe
de plus de 80,000 lieues par feconde : mouve-

____

(1) Nouvelle Traduction, vol. II, pag. 93 & 94.

ment inconcevable dans des corps presque sans élasticité, tels que l'eau ; ou dont les parties adhèrent fortement les unes aux autres, tels que le verre.

D'ailleurs supposer ces oscillations excitées dans les corps diaphanes par la simple lumière du jour est une hypothèse insoutenable, qui répugne à la fois & aux principes les plus clairs de la mécanique, & aux notions les plus simples du bon sens.

Je ne pousserai pas plus loin l'examen du *système des accès de facile réflexion & de facile transmission :* ce seroit peine perdue, car lors même que tous les faits que je viens de lui opposer me manqueroient, il n'en seroit pas moins erroné, établi comme il l'est sur le *système de la différente réfrangibilité :* or celui-ci une fois démontré faux, celui-là croule par ses fondemens.

CONCLUSION.

De l'examen approfondi dans lequel je suis entré, il suit que l'explication de l'arc-en-ciel donnée par Newton est établie sur de faux principes, & démentie par une multitude de faits décisifs.

La carrière que j'ai parcourue, Messieurs,

Q 4

eſt longue & ſcabreuſe : mais détournons les yeux de deſſus les difficultés que j'avois à ſurmonter, pour les fixer un inſtant ſur le but qu'il falloit atteindre. Les diverſes queſtions que renferme votre Programme portent toutes également ſur la différente réfrangibilité des rayons hétérogènes, point caractériſtique de la doctrine de Newton ; & il eſt conſtant que c'eſt pour n'avoir tenu aucun compte de la déviation & de la décompoſition de la lumière autour des corps, que ce grand homme fut réduit à expliquer les phénomènes par des hypothèſes haſardées. Ainſi, dès les premiers pas hors des ſentiers de la Nature, il ne fit plus qu'errer dans un ſombre dédale, à la foible lueur de quelques expériences compliquées, & de quelques formules géométriques : exemple trop fameux de l'abus des calculs dans les ſciences phyſico-mathématiques, & des erreurs ſans nombre qui en réſultent, lorſqu'on oublie le moindre phénomène, ou qu'on néglige d'analyſer les faits. Me ſera-t-il enfin permis de le dire ? Depuis un ſiècle les erreurs de Newton, conſacrées par l'Europe ſavante, enchaînent le génie, retardent la connoiſſance des merveilles de la viſion, s'oppoſent au perfectionnement de l'Optique, & arrêtent le progrès des arts & des ſciences qui en dépendent : car c'eſt d'elle que

l'Horlogerie , l'Anatomie , la Chimie , la Phyfique , l'Hiſtoire naturelle , l'Aſtronomie , re-
çoivent une partie des inſtrumens de leurs obfervations & de leurs découvertes.

Le règne de ces erreurs a duré long-temps ,
& trop long-temps fans doute : mais graces aux
réclamations d'un novateur de nos jours, vous
avez remis en queſtion divers points importans
de théorie , & les recherches auxquelles je me
fuis livré, pour feconder vos vues , n'ont pas
été fans fuccès.

Souffrez, Meſſieurs , que je vous invite à jeter un coup d'œil fur les routes nouvelles que
je me fuis ouvertes. Par une fuite de faits tranchans , inconnus jufqu'à moi, j'ai démontré que
le fyſtême de la différente réfrangibilité des rayons
hétérogènes eſt complettement faux. Eh, pour-
roit-on en douter encore , en voyant la lumière
qui forme le fpeἀre , venir du foleil toute décompofée ? démonſtration dont l'évidence doit
frapper tous les connoiſſeurs , & dont la force doit
entraîner tous les efprits.

Ce fyſtême néanmoins tenoit aux principaux
phénomènes de la viſion , & compliquoit étran-
gement la fcience en la furchargeant d'expériences

illufoires, en l'hériffant de calculs faftidieux : la voilà débarraffée de ce vain étalage, & ramenée à fa fimplicité naturelle ; déformais moins longue à apprendre, elle fera auffi plus aifée à approfondir.

Mais quand cette découverte ne ferviroit qu'à perfectionner les inftrumens dioptriques, de quelle importance ne feroit-elle pas ? Ce font ces inftrumens précieux qui foumettent à l'œil & les objets qui lui échapperoient par leur petiteffe, & les objets que leur éloignement lui déroberoit : ce font eux qui remédient à la foibleffe & aux défauts de la vue, qui nous font jouir encore des charmes de la lumière quand l'âge ou quelqu'accident femble nous en priver, & qui fervent à perfectionner ces fciences fublimes, ces arts profonds, dont les progrès intéreffent fi fort la profpérité des Etats, la gloire des Empires.

Si mon travail eft jugé digne de vos fuffrages, c'eft à vous, Meffieurs, que fera dû l'honneur d'avoir accéléré une révolution frappante dans la plus fublime des fciences exactes ; révolution glorieufe pour la France, & avantageufe à toutes les Nations.

MÉMOIRE

Sur les vraies caufes des couleurs que préfentent les lames de verre, les bulles d'eau de favon, & autres matières diaphanes extrémement minces.

Ouvrage qui a remporté le Prix de l'Académie des Sciences, Belles-Lettres & Arts de Rouen, le 2 Août 1786.

Nugæ feria ducent. *HORAT. de Art. Poet.*

MÉMOIRE.

PROGRAMME.

« *Les couleurs que préfentent les lames de verre,*
» *les bulles de favon, & autres matières dia-*
» *phanes extrêmement minces, fuppofent la*
» *doctrine de la différente réfrangibilité, &*
» *celle des accès de facile réflexion & de fa-*
» *cile tranfmiffion. La première de ces doc-*
» *trines ayant été remife en queftion, & la*
» *dernière ne fatisfefant point l'efprit,*
» *l'Académie propofe pour fujet du Prix*
» *de Phyfique,* DE DÉTERMINER LES
» VRAIES CAUSES DE CES COU-
» LEURS. *Mais elle prévient les Auteurs,*
» *qu'elle rejetera également toute hypothèfe,*
» *& qu'elle n'admettra en preuve de leurs af-*
» *fertions que des faits fimples & conftans.* »

C E Programme eft du nombre de ceux qui
intéreffent infiniment par les matières dont ils

néceffitent la difcuffion , & l'Académie en a parfaitement faifi les grands rapports. Ainfi , avant
de rechercher les caufes réelles des couleurs
que préfentent les lames de verre, les bulles
d'eau de favon , & les autres matières diaphanes
très-minces , j'examinerai *la doctrine de la différente réfrangibilité*, *& celle des accès de facile réflexion & de facile tranfmiffion* , d'où Newton
s'eft efforcé de tirer la raifon des phénomènes.
De cet examen approfondi , nous verrons réfulter plufieurs découvertes, qui feront époque
dans l'hiftoire des Sciences, & qui ramèneront
aux élémens l'Optique , que l'on croyoit toucher
à fon point de perfection.

PREMIÈRE PARTIE.

*Examen de la Doctrine de la différente ré-
frangibilité des rayons hétérogènes.*

Jamais doctrine ne fut étayée d'un plus
grand nombre d'expériences , & jamais expériences ne parurent plus décisives. J'ose
le dire cependant , elles ne font qu'illusoires ; & si au premier coup-d'œil la Géométrie semble en confirmer les résultats ; pour peu
qu'on examine avec soin les phénomènes , on les
trouve contraires aux principes qui en font dé-
duits (1). Loin de balancer à remettre en question un point d'Optique consacré par les suffrages unanimes de l'Europe savante, j'entrepren-
drai donc d'en démontrer la fausseté.

Peut-être suffiroit-il d'analyser les expériences
qui lui servent de base, pour faire voir qu'elles

---

(1) Qu'on examine les croissans colorés dont est
circonscrit le champ du faisceau qui émerge du prisme ;
on trouvera que leurs teintes ne font pas celles qui devroient résulter du mélange des rayons hétérogènes , si
le spectre étoit réellement formé d'une multitude d'images solaires , différentes en couleur , & superposées de
façon à empiéter plus ou moins les unes sur les autres,

ne tendent rien moins qu'à l'établir ; toutefois je ne perdrai pas le temps à les préſenter ſous leurs différentes faces, à relever leurs nombreux dé-fauts, & à développer les raiſons qui les rendent plus qu'équivoques : au lieu d'invalider cette doctrine, j'en ſapperai les fondemens. Mais il faut avant tout poſer ici quelques lois de Dioptri-que, qui ſerviront de regle dans le jugement que l'Académie doit porter.

Il eſt hors de doute qu'en traverſant divers milieux, aucun rayon de lumière ne ſe réfracte à leurs ſurfaces, à moins qu'il ne les traverſe obliquement.

Lorſque chaque milieu eſt terminé par des ſurfaces parallèles, les rayons incidens & les rayons émergens, ſe réfractant au même point & en ſens contraires, conſervent leurs directions reſpectives. Ainſi, dans le ſyſtême de la diffé-rente réfrangibilité, les rayons ſolaires tranſ-mis par ces milieux paroîtront ne s'être point décompoſés, & continueront de former un champ acolore.

Un ſeul de ces milieux ſe trouve-t-il terminé par des ſurfaces inclinées ? —— Les rayons hé-térogènes s'y réfractant plus ou moins les uns que les autres, ceſſent bientôt de former un champ acolore.

Quelle

Quelle que foit la figure de ce milieu , ils commencent à paroître féparés , au côté du champ vers lequel porte la réfraction : les phénomènes doivent donc changer avec la figure des furfaces réfringentes , & la diftance du plan où les rayons font projetés.

Si ce milieu eft terminé par deux furfaces planes , & ce plan interpofé à très-petite diftance ; le feul côté du champ où porte la réfraction , paroîtra liféré d'une bande colorée très-étroite : fi le plan fe trouve à certaine diftance ; le champ paroîtra couvert de bandes différemment colorées : fi le plan fe trouve à diftance confidérable ; ces bandes feront efpacées par des intervales obfcurs : effets naturels de l'écartement plus ou moins confidérable des rayons hétérogènes que la réfraction fait diverger. Au refte dans aucun de ces cas le champ de lumière ne confervera fa rondeur , & toujours il fera plus alongé à mefure que le plan fera plus diftant.

Elevées ou abaiffées par la réfraction , les bandes colorées paroîtront d'autant plus élevées , ou d'autant plus abaiffées que leurs rayons refpeétifs font plus réfrangibles. Ainfi les différens degrés de réfrangibilité des rayons hétérogènes fe déterminent par les différens angles qui mefurent leurs réfractions.

R

A quelque diſtance que les rayons ſolaires réfractés par un priſme ſoient projetés, leur champ ne peut donc être ni circulaire ni acolore ; conſéquences néceſſaires de leur différente réfrangibilité prétendue, diſons mieux, réſultats infaillibles des diverſes expériences faites pour l'établir.

On eſt d'abord tenté d'en conclure, comme l'a fait Newton, que le champ des rayons immédiats du ſoleil ne ceſſeroit jamais d'être circulaire & acolore, ſi les hétérogènes étoient tous également réfrangibles : mais ſans raiſon aſſurément, car il eſt inconteſtable que *la lumière ſe dévie & ſe décompoſe toujours en paſſant à certaine diſtance des corps* ; ce que notre profond Géomètre ne pouvoit ignorer, lui qui étoit entré dans de ſi longs détails ſur l'obſervation de Grimaldi (1). Les phénomènes produits dans ſa fameuſe Expérience (2) par les rayons déviés & décompoſés autour du ſoleil, & autour du trou deſtiné à tranſmettre au priſme le faiſceau ſolaire, doivent donc ſe combiner avec les phénomènes qu'il ſuppoſe produits par la différente réfrangibilité des rayons hétérogènes.

----

(1) Voyez le I I Iᵉ Livre de ſon Traité d'Optique.
(2) La I I Iᵉ Expérience de la Iᵉ Partie du Livre I.

C'eſt à l'analyſe à les ſéparer, & au raiſonne-
ment à les ramener chacun à leurs cauſes par-
ticulières. Le défaut de ſolidité de ſon hypothèſe ſera donc bien démontré, ſi je prouve
d'une part que LES RAYONS DE LUMIÈRE NE
SE DÉCOMPOSENT JAMAIS EN TRAVERSANT UN
PRISME OU TOUT AUTRE MILIEU A SURFACES
INCLINÉES; de l'autre part, que LES COULEURS
DONT LEUR CHAMP EST CIRCONSCRIT OU COU-
VERT VIENNENT UNIQUEMENT DE LA DÉCOM-
POSITION QUE SOUFFRENT LES RAYONS EN PAS-
SANT PRÈS DES CORPS. C'eſt ce que je vais faire
voir par des faits ſimples, directs, conſtans;
par des preuves irréſiſtibles & d'un genre nou-
veau.

En paſſant près d'un corps, les rayons de
lumière ſont attirés, & les hétérogènes ſe ſéparent néceſſairement en vertu de l'attraction
qu'il exerce avec plus d'énergie ſur les uns que
ſur les autres.

Attirés & décompoſés autour du ſoleil, ces
rayons forment une atmoſphère, diviſée en zones
concentriques, dont le nombre eſt proportionnel
à la force que l'aſtre déploie ſur eux.

Il en eſt de même des rayons ſolaires attirés
& décompoſés aux bords du trou qui les in-

troduit dans la chambre obfcure. La fphère d'ac-
tivité de ces bords a certaine étendue : mais
quelle que foit leur force attractive, leur action eft nulle au milieu du trou ; parce qu'elle
y eft de toute part contrebalancée par elle-même;
par-tout ailleurs, elle eft plus ou moins efficace.
Ainfi à l'exception des rayons qui paffent près
de l'axe, tous les autres font décompofés dans
le faifceau deftiné aux expériences prifmatiques.
Divifés en couches concentriques, les uns fe
replient fur les bords du trou, & tombent dans
l'ombre ; les autres, moins déviés, s'entre-mêlent dans le faifceau. Bientôt tous ces rayons,
féparés par les différentes réfractions qu'ils fouffrent aux furfaces du prifme, à raifon de leur
différente incidence, produifent diverfes teintes
dont le champ de lumière eft circonfcrit. ——
Ces réfractions font-elles confidérables ? —— Ceux
des bords font jetés au milieu du champ. Lorfque le fpectre eft formé par un prifme de 60
à 64 degrés, il n'eft donc pas poffible de féparer les rayons décompofés de la circonférence du
faifceau, des rayons près de l'axe qui n'ont fouffert aucune décompofition ; quoiqu'on y par-
vienne fans peine, lorfque le fpectre eft formé
par un prifme au-deffous de 35 degrés.

Exp. I. *Qu'un faifceau de rayons folaires introduit dans*
la chambre obfcure, à travers un trou de 15 lignes

de diamètre, soit donc transmis par un prisme de 15 degrés, incliné de manière que les réfractions aux surfaces réfringentes soient égales : ces rayons projetés à 18 pieds de distance sur un carton blanchi formeront un champ ovale, blanc au milieu, & circonscrit de croissans colorés.

Qu'à un pouce du prisme, les rayons de la partie acolore soient successivement transmis par un disque de papier noir percé d'un trou d'une ou deux lignes, ils formeront un champ beaucoup plus petit, & ce champ offrira les mêmes phénomènes que celui du faisceau entier. Exp. 2.

Ici j'entends les Newtoniens objecter en souriant, à quoi bon cette expérience qu'à étayer le système que je combats ? Mais un peu de patience encore, & bientôt elle nous donnera d'autres résultats qui le renverseront sans retour.

Au carton blanchi substituez un grand (1) diaphragme de 15 lignes d'ouverture, qui intercepte les croissans colorés, interposez ce carton dix pieds plus loin, & projetez-y les rayons près de l'axe du faisceau ; ils continueront à former un champ un peu oblong, blanc au milieu, & circonscrit de croissans colorés moins étendus. Alors, Exp. 3. Exp. 4.

____

(1) Disque de carton d'un pied en diamètre, & percé au milieu.

abaiſſant le diaphragme, ſupprimez les croiſſans bleu, indigo & violet : vous aurez un champ ellyptique dont le haut ſera acolore & terminé par une pénombre avec auréole, comme il le ſeroit aux rayons immédiats du ſoleil ; tandis que le bas reſte terminé par les croiſſans jaune, orangé & rouge. Elevez enſuite le diaphragme : les croiſſans inférieurs étant ſupprimés à leur tour, les phénomènes ſeront parfaitement analogues.

Newton ſuppoſe les teintes du ſpectre produites par une ſuite innombrable d'images ſolaires, égales en diamètre & différentes en couleurs, ſuperpoſées à la file ſuivant l'ordre de la réfrangibilité de leurs rayons reſpectifs. Si cela étoit, qui ne voit qu'en ſupprimant les croiſſans à l'une ou à l'autre extrémité du champ des rayons qui émergent du priſme, c'eſt-à-dire, en ſupprimant la partie dégagée des images ſolaires, leur partie reſtante ſe dégageroit bientôt dans l'intervale du priſme au plan où elle eſt projetée : comment donc ſeroit-elle acolore ?

Après avoir ſupprimé les croiſſans bleu, indigo & violet ; le champ de lumière, ai-je dit, eſt terminé au haut par une pénombre avec auréole blanche ; au bas, par des croiſſans jaune, orangé & rouge. *Mais qu'à la diſtance d'un pied on le regarde à travers un priſme quelconque (le ſommet*

Exp. 5.

Exp. 6.

*de l'angle réfringent tourné en bas) ; il paroîtra
entièrement* (1) *jaune , circonscrit d'une zone orangée & d'une zone rouge.* Phénomène inconcevable
dans le syftême de la différente réfrangibilité :
car ici la lumière blanche donne les feules teintes
qui n'ont point été fupprimées. Or les teintes
fupérieures , quoique parfaitement femblables
aux inférieures , feroient pourtant formées de
rayons moins réfrangibles : puifqu'elles font
moins abaiffées par la réfraction. Il y a plus :
comme les rayons jaunes occupent le milieu du
champ ; les prétendues images colorées du foleil , fuppofées toutes de même diamètre, feroient néanmoins ellyptiques , & beaucoup plus
petites (2) les unes que les autres. D'ailleurs
en coupant le champ par une fection horifontale , les rayons jaunes fe trouveroient en même
temps plus réfrangibles & moins réfrangibles que
ceux de la zone orangée ; tandis que les rayons
de la zone orangée fe trouveroient de même plus
réfrangibles & moins réfrangibles que ceux de

---

(1) Ces expériences demandent un manipulateur
adroit ; car pour n'avoir aucun mélange d'autres couleurs , il faut que le bord du diaphragme, dont on fe
fert pour fupprimer les croiffans , coupe le champ par
le milieu , fans incliner d'aucun côté.

(2) Le diamètre de la zone rouge eft au moins deux
fois plus grand que le diamètre du champ jaune.

la zone rouge. Enfin en vertu de quelle loi de Dioptrique inconnue jufqu'ici , ces rayons hétérogènes réfractés par le prifme produiroient-ils des images concentriques ?

Exp. 7.   *Si les croiffans jaune , orangé & rouge font pareillement fupprimés , les phénomènes feront analogues , & les conféquences femblables.*

Exp. 8.   *Ce n'eft pas tout. Quand on ne laiffe paffer à la fois par l'ouverture du diaphragme que les rayons d'un feul croiffant coloré ; le champ de lumière eft entièrement de la couleur des rayons tranfmis. A ces rayons , homogènes en apparence , qu'on expofe les barbes d'une plume ou un fil de fer ; l'ombre projetée dans le champ paroîtra de part & d'autre bordée de plufieurs zones de la même couleur* (1).

Exp. 9. *Mais fi ces rayons font rendus divergens au moyen d'une lentille convexe interpofée à diftance convenable , avant ou après* (2) *le fil de fer ; les zones qui en bordent l'ombre feront de différentes couleurs.* Preuve inconteftable qu'en fe réfractant , les rayons hétérogènes qui produifent ces couleurs

---

(1) Cela vient de ce que les différentes couches des rayons hétérogènes , deviés de part & d'autre , s'entre-mêlent de nouveau.

(2) C'eft par le même procédé qu'on parvient à décompofer chaque efpèce de rayons dépurés par la méthode Newtonienne ; procédé que j'ai indiqué dans le n°. du Journal de Littérature , des Sciences & des Arts , année 1781.

ne se font séparés ni aux surfaces du prisme, ni aux surfaces de la lentille. Ainsi, avec les rayons décomposés aux bords du trou, le diaphragme transmet des rayons qui n'ont souffert aucune décomposition; le champ n'est donc coloré que par l'excès des premiers sur les derniers: d'où il suit que dans la formation du spectre, les réfractions prismatiques portent dans le champ de lumière acolore les rayons déviés & décomposés autour du Soleil & autour du trou qui transmet le faisceau, &c.

Replaçons maintenant le diaphragme de manière Exp. 10. *à faire reparoître les croissans colorés, puis supprimons-les tous à la fois au moyen d'un troisième diaphragme de 6 lignes d'ouverture ; les rayons au milieu du faisceau, projetés perpendiculairement à leur axe, & à 20, 30, 40 pieds de distance sur le carton blanchi, formeront enfin un champ parfaitement circulaire & parfaitement acolore, mais environné d'une pénombre & d'une auréole ; comme il le seroit s'ils n'avoient souffert aucune réfraction prismatique.* Or si, en quelqu'endroit qu'on interpose un premier diaphragme de petite ouverture, le champ de lumière est constamment circonscrit de croissans colorés, & s'il reste constamment acolore (1), lorsqu'on

____

(1) Ces phénomènes font trop piquans pour ne pas rendre raison de leur différence.

fépare ces croiſſans au moyen de pluſieurs diaphragmes ; les teintes du champ ou du fpectre

En projetant ſur un carton peu diſtant un gros faiſceau de rayons ſolaires émergens du priſme , on voit
leur champ circonfcrit d'une pénombre avec auréole &
de croiſſans colorés. A meſure qu'on éloigne le carton ,
l'auréole & les croiſſans s'étendent juſqu'au milieu du
champ ; car les rayons venus des bords oppoſés du diſque ſolaire , de même que les rayons tangens aux bords
correſpondans du trou deſtiné à tranfmettre leur faiſceau , convergent entr'eux.

Comme la lumière eſt décompoſée en pluſieurs zones
au-delà des bords de la pénombre , comme les rayons
des différentes zones ſe croiſent au-delà du priſme
lorſque l'ouverture qui donne paſſage au faiſceau eſt
conſidérable , & comme ces rayons tombent ſucceſſivement au milieu du champ ; ceux qui ſe font déviés &
décompoſés autour du foleil , & autour du trou fait au
volet, ne peuvent être ſéparés de ceux qui viennent de
la ſurface même du foleil , & qui n'ont fouffert aucune
décompoſition aux bords du trou, qu'autant qu'on interpofe le diaphragme au-delà du point d'interfection
des rayons de la dernière couche. Auſſi faut-il toujours
l'interpofer à certaine diſtance du priſme.

Les rayons des zones extrêmes viennent de deux
côtés de la circonférence du diſque folaire aux bords
oppoſés du trou qui les tranfmet au priſme : les rayons
des zones internes viennent des mêmes côtés de la circonférence du diſque folaire aux bords correſpondans
du trou : dans l'intervale ſe trouvent les rayons de
toutes les zones qui viennent des différens points de

viennent uniquement des rayons de la circonférence du faisceau, c'est-à-dire des rayons qui
se font décomposés autour du Soleil & autour
du trou qui les transmet au prisme.

Transmis au prisme par un trou d'épingle qu'à   Exp. III

la surface de l'astre radieux. Ainsi des rayons venus de
la surface même de l'astre, ceux qui passent hors de la
sphère d'attraction des bords du trou, ne peuvent paroître acolores qu'après que ceux des bords du disque
solaire, tangens aux bords correspondans du trou &
réfractés par le prisme, ont divergé. Il suit de-là, que
plus le trou qui transmet au prisme le faisceau est petit,
plus il est facile de séparer avec un seul diaphragme les
rayons des croissans colorés de ceux du champ de lumière acolore. Conséquences que les faits justifient
complettement.

Le faisceau n'ayant que 4 lignes en diamètre, le diaphragme interposé à 12 pieds les supprimera constamment, quelle que soit son ouverture, pourvu qu'elle ait
un peu moins d'étendue que l'aire de la partie acolore du
champ : si le faisceau solaire n'a que 2 lignes, un diaphragme de 6 lignes d'ouverture, interposé à 6 pieds
du prisme, les supprimera constamment.

Si le faisceau n'a qu'une ligne, le diaphragme interposé à 3 pieds, les supprimera tout aussi-bien.

Si le faisceau n'a qu'$\frac{1}{10}$ de ligne, le diaphragme
interposé à quelques pouces les supprimera mieux
encore.

l'aide d'un (1) *diaphragme interposé à quelques pouces on supprime les croissans colorés ; puis qu'à 10 pieds de distance, & perpendiculairement à leur axe, on projete sur le carton blanchi ceux du milieu du faisceau, ils formeront un champ parfaitement circulaire & parfaitement acolore, mais environné d'une pénombre & d'une auréole, comme il le seroit s'ils n'avoient souffert aucune réfraction prismatique.*

Exp. 12.   *Quelque inclinaison que l'on donne aux surfaces réfringentes, les phénomènes ne changent point.*

Exp. 13.   *Ils ne changent point non plus, quoique les réfractions deviennent beaucoup plus fortes ; pas même lorsque le prisme a* (2) *30 degrés d'ouverture ; pas même lorsqu'il a 60 degrés, pourvu toutefois qu'au moyen d'un verre convexe, les rayons décomposés de la circonférence du faisceau soient écartés des rayons près de l'axe qui n'ont souffert aucune décomposition.*

Exp. 14.   *Or le champ une fois acolore, ne perd point sa blancheur, quoiqu'on en fasse tomber obliquement les rayons sur un carton blanchi plus ou moins incliné ; comme fait le faisceau solaire* (3)

---

(1) De trois lignes d'ouverture.

.(2) A égale inclinaison de la première surface réfringente , le spectre formé par un pareil prisme a moitié de la longueur du spectre ordinaire.

(3) Voyez la I I Ie Exp. de la I Ie Part. du Liv. I, Nouvelle Traduction , vol. 1, pag. 115 & 116.

peu après son émergence du prisme. Or, vu la foiblesse de sa lumière, on sent combien peu de rayons décomposés suffiroient pour le colorer : car à l'instant où quelques-uns de ceux de l'un des croissans sont transmis à travers le diaphragme, par une suite du mouvement de l'image solaire ; ils y forment une teinte beaucoup plus vive que celle du croissant même qui les fournit.

Les teintes du spectre résultent donc uniquement du mélange des rayons déviés & décomposés autour du Soleil & autour du trou qui les transmet au prisme ; puisqu'un simple diaphragme suffit pour les séparer des autres rayons du faisceau qui n'ont souffert aucune décomposition.

Mais voici de nouveaux faits qui portent cette vérité au dernier point d'évidence.

J'ai fait voir quelque part (1) que les iris d'un objet, vu au prisme, disparoissent aussi-tôt que le prisme & l'objet sont en contact. Pour faire disparoître les rayons déviés & décomposés autour du trou destiné à les introduire

____

(1) Voyez les phénomènes de la I I.^e classe, second Mémoire.

On conçoit bien que cette note a été ajoutée depuis que ce Mémoire a été couronné. Je dois ajouter que tout cet article a été refondu.

dans la chambre obfcure, il fuffit d'appliquer le prifme contre ce trou. Quant aux rayons déviés & décompofés autour du Soleil, comme ils partent de la circonférence de fon difque, & comme ils tombent fur des points de la première furface réfringente, toujours d'autant plus éloignés des points où tombent ceux qui viennent des bords de ce difque qu'ils fe prolongent plus au loin ; il n'eft aucun moyen de les faire difparoître, qu'en les interceptant après qu'ils fe font croifés dans la chambre obfcure, puifqu'il eft impoffible de placer le prifme contre le Soleil. Mais ce qui ne fauroit avoir lieu à l'égard de cet aftre, peut aifément fe faire à l'égard de tout objet lumineux dont on eft maître de régler la diftance. *Or, fi à un pouce de la flamme d'une lampe à air déphlogifliqué renfermée dans une petite chambre noire, on place un gros prifme équiangle, dont la première face foit couverte d'une lame de plomb percée d'un trou de 4 lignes, & fi l'un des côtés de la chambre noire eft percé de manière à tranfmettre le faifceau de lumière directe, & à intercepter tout reflet ; ce faifceau projeté à 10 ou 12 pieds fur une feuille de papier blanc y formera une grande image de la flamme, abfolument exempte d'iris & bien terminée. Qu'alors on fubftitue à la feuille de papier un diaphragme percé d'un trou rond de 15 lignes, qu'on place le papier 10 pieds plus*

Exp. 15.

loin, & qu'on y projete les rayons du milieu de cette image ; ils formeront un champ auſſi parfaitement circulaire, & auſſi parfaitement acoloré que s'ils n'avoient ſouffert aucune réfraction priſmatique.

Après des faits de cette nature, le moyen de douter que la doctrine de la différente réfrangibilité ſoit deſtituée de tout fondement !

Examen de la doctrine des accès de facile tranſmiſſion & de facile reflexion.

Commençons par l'expoſer avec netteté, en l'appliquant aux phénomènes qui font l'objet du Programme de l'Académie.

« On a déjà obſervé, dit Newton, que les corps tranſparens acolores & très-minces (tels que l'eau, le verre, l'air) ſoufflés en bulles ou réduits en lamelles, produiſent différentes couleurs correſpondantes à leur ténuité. Mais entre les ſurfaces courbes des verres comprimés, il paroît de même des couleurs autour d'une tache noire qui occupe les points de contact (1) ».

____

(1) Voyez la première Partie du Livre II de ſon Optique.

Notre profond Philofophe reconnut bientôt que cette tache eft produite par la tranfmiffion de la lumière incidente, dont le paffage à cet endroit n'eft pas moins libre qu'il ne le feroit fi les verres étoient réellement unis. Quant à la vraie caufe de ces couleurs, elle lui échappa toujours, quoiqu'il crût fermement l'avoir découverte (1).

Dans fon fyftême, « ces couleurs deviennent vifibles autour de la tache centrale, auffi-tôt que l'inclinaifon des verres eft affez grande pour que les rayons incidens commencent à être réfléchis ; & alors ils paroiffent fous la forme d'arcs concentriques à-peu-près conchoïdaux. A mefure que l'inclinaifon des verres augmente, ces arcs s'étendent jufqu'à devenir annulaires (2) ».

« Les anneaux qui paroiffent d'abord font rouges, jaunes, verts, bleus, violets; ils forment plufieurs fuites d'iris, alternativement féparées par des anneaux blancs & des anneaux noirs (3) ».

L'inclinaifon des verres devient-elle plus confidérable ? « Les anneaux colorés fe rétréciffent peu-à-peu, & de part & d'autre s'appro-

---

(1) Obfervation 1ᵉ.
(2) Obfervation 2.
(3) *Ibidem.*

chent

chent du blanc juſqu'à s'y confondre : enſuite ils ne paroiſſent que blancs & noirs : puis des blancs ils reſſortent colorés, formant de même pluſieurs ſuites d'iris, dont les couleurs, tou-jours d'autant moins vives qu'elles s'éloignent davantage de la tache centrale (1), ſont diſ-poſées en ordre inverſe ».

« Ces anneaux alternativement blancs & noirs, Newton les attribue à la lumière incidente, tour-à-tour réfléchie & tranſmiſe par la lame d'air intermédiaire (2) ».

« A l'égard des couleurs de chaque ſuite qui ſort des anneaux blancs, il les déduit des épaiſſeurs de cette lame : on va voir de quelle manière ».

« Ayant meſuré les diamètres des ſix pre-miers anneaux colorés, il prétend avoir trouvé leurs quarrés en progreſſion arithmétique des nombres 1 , 3 , 5 , 7 , 9 , 11 , &c. progreſſion qui eſt celle des épaiſſeurs de la lame d'air aux endroits où ils paroiſſent. Puis ayant meſuré les diamètres des anneaux noirs qui ſéparoient les anneaux colorés, il prétend avoir trouvé leurs quarrés en progreſſion arithmétique des nom-bres 2 , 4 , 6 , 8 , 10 , 12 , &c. (3) ».

---

(1) Ibidem.
(2) Obſervation 5.
(3) Ibidem.

Enfuite il s'enfonce dans d'éternels calculs pour déterminer en parties de pouce l'épaiffeur de la lame d'air (1).

Après quoi il obferve « qu'en regardant à travers les verres en contact, on voit des anneaux colorés produits par la lumière tranfmife, comme on en voit de produits par la lumière réfléchie : mais alors la tache qui paroiffoit noire devient blanche ; tandis que les anneaux qui paroiffoient blancs deviennent rouges ».

Enfin comparant les anneaux produits par réflexion aux anneaux produits par tranfmiffion; il trouva « le blanc oppofé au noir , le rouge au blanc , le jaune au violet , & le vert au pourpre ».

De ces obfervations il infère « que la lame d'air intermédiaire eft difpofée fuivant fon épaiffeur à réfléchir ou à tranfmettre en certains endroits tous les rayons hétérogènes indiftinctement ; de même qu'à réfléchir une efpèce particulière de ces rayons au même endroit où elle en tranfmet une autre efpèce (2). Ainfi dans l'étendue des intervales 1, 3 , 5 , 7, 9, 11, &c. la lame d'air a précifément l'épaiffeur requife pour réfléchir tous les rayons hétérogènes ,

____

(1) Obfervations 6 , 7 , 8 , 9 , &c.
(2) Obfervation 15.

comme elle a dans l'étendue des intervales 2,
4, 6, 8, 10, 12, &c. précisément l'épaisseur
requise pour transmettre tous ces rayons. Tandis
que dans certaines parties des premiers intervales,
elle a précisément l'épaisseur requise pour ne
réfléchir que telle ou telle espèce de rayons
hétérogènes : comme elle a dans certaines parties des derniers précisément l'épaisseur requise
pour ne transmettre que telle ou telle espece
de ces rayons ».

Il assigne les mêmes causes aux couleurs
qu'offrent les bulles d'eau de savon (1).

Mais si ces phénomènes, expliqués de la sorte,
ne sont réellement pas des effets sans cause,
jusqu'ici on n'en voit point encore la raison, &
c'est dans un autre endroit de son ouvrage
que l'Auteur entreprend de la développer.
Il observe donc que les anneaux colorés se
dilatent toujours, à mesure que l'inclinaison des
rayons à la lame d'air augmente : d'où il conclut
que les rayons réfractés par la première surface de cette lame tombent d'autant plus obliquement sur la seconde surface qui les réfléchit, qu'ils sont plus réfrangibles (2).

---

(1) Observation 17.
(2) Livre II, la fin de la IIe Partie.

(276)

Quant à la difposition des rayons à être réfléchis ou tranfmis à telle ou telle épaiffeur,
il l'attribue à une propriété effencielle de la
lumière (1).

Il veut qu'en « traverfant la première furface
d'un milieu réfringent quelconque, tout rayon
acquiere une difpofition tranfitoire qui revient
à intervales égaux. A chaque retour le rayon
paffe à travers la feconde furface, & à chaque
intermiffion il en eft réfléchi. Ainfi cette viciffitude de réflexion & de tranfmiffion dépendroit
des deux furfaces de chaque plaque mince ;
puifqu'elle tiendroit à leur diftance : elle dépendroit auffi de quelqu'action propagée de la
première à la feconde furface, de manière
à avoir conftamment fes retours & fes intermiffions à intervales égaux, durant un nombre indéterminé de viciffitudes (2) ». — Mais
en quoi confifte cette difpofition ? — L'Auteur entreprend de réfoudre cette queftion épineufe ; & quelque peu fatisfait qu'il foit
lui-même de fa folution, il n'en fait pas grace
d'un mot. Il fuppofe donc que « les rayons incidens produifent dans le milieu réfringent ou
réfléchiffant des vibrations femblables aux on-

____

(1) *Ibidem.* I Xe Propofition.
(2) *Ibidem.*

dulations que le jet d'une pierre excite dans
l'eau. Selon lui, ces vibrations fe propagent
dans ces milieux, à-peu-près comme celles du
fon fe propagent dans l'air; de forte qu'ayant
un mouvement plus rapide que celui de la lumière, elles l'atteignent. Lorfqu'un rayon rencontre la partie de cette vibration propre à
concourir à fon mouvement, il eft aifément
tranfmis; mais lorfqu'il rencontre la partie oppofée de cette vibration, il eft aifément réfléchi. Chaque rayon eft donc alternativement
difpofé à être tranfmis ou réfléchi par la vibration qui l'atteint. Ce font les retours de
cette difpofition qu'il nomme LES ACCÈS DE
FACILE RÉFLEXION ET DE FACILE TRANS-
MISSION (1) ».

Jettons ici un coup-d'œil fur cette fingulière
doctrine.

Newton débute par pofer en fait que les corps
diaphanes, acolores & fort minces, (tels que
l'eau, l'air, le verre) foufflés en bulles ou réduits en lamelles, produifent différentes couleurs correfpondantes à leur ténuité. Mais il eft
inconteftable que l'eau pure, le blanc d'œuf, le

------

(1) *Ibidem.*

S 3

verre blanc, &c. font toujours acolores, quelque minces qu'en foient les couches, pourvu
qu'ils foient purs ou h mogènes. C'eft fur cette
fauffe hypothèfe cependant qu'il donne la mince
lame d'air qui fépare deux verres convexes comprimés, pour vraie caufe des couleurs apparentes autour des points de contact : caufe qu'il
leur affigne conftamment même après avoir reconnu qu'elle n'y a point de part (1) ; puifqu'elles
n'en continuent pas moins à paroître, bien que
l'eau ait pris la place de l'air.

Après être parti d'un fait faux pour établir cette
hypothèfe, il part d'obfervations inexactes pour
en déduire la caufe des phénomènes. Perfuadé,
d'une part, que des anneaux noirs ne peuvent
être produits que par la tranfmiffion de la lumière incidente, & des anneaux blancs ou colorés que par fa réflexion : de l'autre part, trouvant cette (2) alternative d'anneaux clairs &
obfcurs conftante, quelle que foit la couleur des
rayons qui tombent fur les verres ; il en conclut
qu'elle dépend abfolument de la propriété qu'a
telle ou telle partie de la lame d'air interpofé, de
tranfmettre ou de réfléchir la lumière incidente ;

____

(1) Obfervation 5.
(2) Obfervations 13 & 14.

propriété qu'il fait uniquement dépendre de l'épaiffeur de cette lame (1).

Mais indépendamment du péu de jufteffe de cette induction, puifque les anneaux obfcurs peuvent tout auffi-bien provenir de la déviation de la lumière que de fa tranfmiffion , il fuffit d'examiner les phénomènes pour s'affurer que ces prétendus anneaux blancs font orangés, & que ces prétendus anneaux noirs font violets. De l'aveu de l'Auteur, « les uns & les autres, » qui de loin fembloient fi bien terminés, de près » paroiffent confus ; on apperçoit même du vio- » let à l'un des bords de chaque anneau » blanc (2) » ; du rouge & du jaune à l'autre bord.

Newton entre à cet égard dans de grands détails, qui font bien voir que s'il a examiné les faits minutieufement , il ne les a pas expliqués avec fuccès.

Prétendre que ces phénomènes dépendent néceffairement d'une très-mince lame d'air , c'eft fuppofer un effet fans caufe : car fi les rayons étoient différemment réfrangibles ou différemment réflexibles , on ne voit pas ce qui les empêcheroit de fe féparer en traverfant une lame d'air , quelle qu'en fût l'épaiffeur.

---

(1) Obfervation 15.
(2) Obfervation 3.

Mais la néceſſité du concours de cette lame n'eſt rien moins que prouvée ; les phénomènes étant plus marqués dans le vide qu'en plein air.

La cauſe à laquelle il attribue les prétendus anneaux noirs eſt auſſi purement imaginaire : car ils n'en ſont pas moins apparens, quoiqu'il n'y ait pas un ſeul rayon tranſmis ; comme on l'obſerve *en poſant un objectif ſur un miroir de métal, mieux encore ſur un plan de verre noir poli. Dans ce cas, les rayons incidens ſe trouvent tous réfléchis, ils ne devroient donc compoſer que du blanc : ainſi toutes leurs couleurs devroient diſparoître, toutefois elles n'en deviennent que plus vives.*

Ce qu'il dit des anneaux vus par réflexion & par tranſmiſſion eſt donc ſans aucun fondement.

Eh combien d'autres faits démentent ſon prétendu principe !

A meſure qu'on incline les plaques à l'œil, les anneaux ne changent point de couleurs, non plus que la tache centrale, ſeulement ils ſe dilatent peu-à-peu ; cependant la lame ſur laquelle ils ſont vus devient toujours plus épaiſſe : l'épaiſſeur de cette lame ne contribue donc en rien aux couleurs de ces anneaux.

En ſéparant deux plaques de verre bien mince au moyen d'une couche légère, mais inégale, de colle de poiſſon étendue à chaque bout ; quoique la lame d'air se trouve alors en plusieurs endroits de la même épaisseur que celle qui est supposée produire les couleurs des objectifs comprimés, on n'apperçoit cependant point d'iris.

Au surplus il paroîtra sans doute un peu merveilleux qu'une lame transparente eût, à telle épaisseur, la propriété de réfléchir tous les rayons; à telle épaisseur, la propriété de les transmettre tous; & à telle épaisseur, la propriété d'en réfléchir ou d'en transmettre telle ou telle espèce.

Il paroîtra, sans doute, plus merveilleux encore que ces épaisseurs fussent en progression arithmétique des nombres pairs ou impairs. Passons néanmoins sur tant de prodiges, uniquement propres à frapper l'imagination, sans rien dire à l'esprit, & observons qu'après avoir posé des principes aussi commodes, l'Auteur semble les abandonner tout-à-coup, en fesant dépendre de la seule densité d'une lame diaphane quelconque, ce qui fait qu'elle a l'épaisseur requise pour produire certaine couleur (1); la densité du milieu ambiant n'étant comptée pour rien. Inconséquence assez singulière; car, dans la doctrine des accès, l'épaisseur de la lame doit être telle que les rayons réfractés à sa première

____

(1) Observation 21.

furface, le foient précifément de la quantité néceffaire pour tomber fur un point déterminé de la feconde furface; or, pour cela, qui ne fait que l'épaiffeur de la lame doit être proportionnelle à la denfité du milieu ambiant ?

Cette inconféquence n'eft pas la feule. Après avoir attribué à tout corps mince diaphane la propriété de réfléchir ou de tranfmettre, fuivant fon épaiffeur, telle ou telle efpèce de rayons; il attribue à une propriété qui leur feroit effencielle la difpofition des rayons à être réfléchis ou tranfmis à telle ou telle épaiffeur : affignant ainfi, fans s'en douter, deux différentes caufes au même effet.

Ce n'eft pas tout. De ce que les prétendus anneaux blancs & noirs fe voient en même temps, il infère que les corps réfléchiffent & réfraçtent la lumière par une feule & même force, différemment mife en action dans diverfes circonftances, & il en donne pour raifon que la lumière eft à plufieurs reprifes réfléchie & tranfmife par de minces lames de verre, fuivant que leur épaiffeur augmente en progreffion arithmétique des nombres pairs ou impairs : comme s'il étoit poffible de prouver une chofe fauffe par une chofe abfurde.

Quant aux anneaux colorés, il s'efforce de

trouver une formule , qui ramène en apparence leurs couleurs aux prétendus rapports de réfrangibilité des rayons hétérogènes.

Mais voici le beau de ce fyftême ! L'Auteur fuppofe que « tout rayon de lumière, traverfant la première furface d'un milieu réfringent quelconque, acquiert une difpofition tranfitoire qui revient à intervales égaux ; qu'à chaque retour de cette difpofition , le rayon paffe à travers la feconde furface , & qu'à chaque intermiffion il en eft réfléchi. Cette viciffitude de réflexion & de tranfmiffion il l'attribue à quelque action de ces furfaces propagée de l'une à l'autre de manière à avoir fes intermiffions & fes retours à intervales égaux , un nombre indéterminé de fois. Enfin il fuppofe que cette difpofition confifte dans des vibrations du corps réfringent ou réfléchiffant , produites par l'incidence de la lumière ; vibrations qui fe propageroient avec une vîteffe fupérieure à celle de la lumière ellemême. Ainfi, lorfqu'un rayon fe préfente à l'inftant où la vibration ne s'oppofe point à fon mouvement , il eft aifément tranfmis ; mais lorfqu'il fe préfente à l'inftant où elle s'y oppofe, il eft aifément réfléchi ».

Arrêtons-nous à ce point curieux. Dans le

fyftême des accès de facile réflexion , les parties même du corps qui ofcille réfléchiffent le
rayon , & cette caufe eft purement mécanique :
la caufe de la réflexion ne feroit donc pas une
force occulte répandue à la fuperficie des corps,
comme il l'établit ailleurs (1).

Pour que les ofcillations du milieu réfléchiffant puffent atteindre les rayons , il feroit
indifpenfable que leur mouvement fût plus rapide que celui de la lumière elle-même , c'eft-
à-dire qu'elle eût une vîteffe de plus de 80,000
lieues par feconde. Ce qui ne laiffe pas d'être
affez prodigieux dans un folide dont toutes les
parties adhèrent fortement les unes aux autres,
tel que le verre ; ou dans un liquide prefque
fans élafticité , tel que l'eau , tous deux environnés d'un milieu très-réfiftant.

Et ces ofcillations feroient excitées dans ces
corps par le choc imperceptible de la fimple
lumière du jour, que réfléchit la voûte azurée,
ou les vapeurs dont elle eft couverte ! Paradoxe
étrange, contraire tout à la fois & aux premiers principes de la mécanique, & aux premières notions du bon fens : le mouvement imprimé à une lourde maffe ne pouvant jamais
avoir la vîteffe de celui d'un moteur infini-

____

(1) VIIIe Propof. de la IIIe Part. du Liv. II.

ment fubtil; car la réfiftance l'affoiblit toujours.

Il me feroit aifé de continuer plus long-temps
l'examen de la doctrine des accès de facile réflexion & de facile tranfmiffion : mais ce feroit
peine perdue. Cette doctrine eft fondée fur celle
de la différente réfrangibilité des rayons hétérogènes ; c'eft même pour tâcher d'y plier les phénomènes, & d'appliquer fes formules aux obfervations, que l'Auteur s'eft épuifé en vains efforts : or la dernière une fois démontrée fauffe,
la première croule bientôt par fes fondemens.

Ainfi cette doctrine, peu intéreffante par elle-
même, l'eft moins encore par la manière dont
elle eft traitée. On n'y trouve, ni exactitude
dans l'expofition des phénomènes, ni jufteffe
dans leur explication. D'une foule d'obfervations mal faites, & entaffées pêle-mêle, font
déduites quelques formules qu'on érige en principes. Le mouvement fi régulier de la lumière
y eft affujéti à des lois capricieufes. Nulle part
on n'y donne la raifon des chofes, par-tout
on y a recours au merveilleux, & par-tout on
n'y rencontre qu'inexactitudes, erreurs, inconféquences & contradictions. C'eft ici vraiment

qu'il faut fe donner le fpectacle de l'abus de la
fcience, & de la vanité des fpéculations mathématiques. Quoi ! tant d'obfervations labo-
rieufes, tant de profonds calculs, tant de favantes recherches n'auroient donc fervi qu'à
établir une doctrine erronée, qu'un fimple
fait (1) renverfe fans retour ?

---

(1) Voyez l'Expérience dixième.

SECONDE PARTIE.

Des Phénomènes que préfentent les lames de verre comprimées, & de leurs caufes.

DEUX plaques de verre polies offrent toujours plufieurs iris, dès qu'on vient à les comprimer l'une contre l'autre, quelle que foit d'ailleurs leur figure.

C'eft autour des feuls points de contact des plaques que paroiffent ces iris (1).

____

(1) Pour offrir ces iris, il eft indifpenfable que ces plaques aient des furfaces courbes.

Dans un Mémoire imprimé parmi ceux de l'Académie de Berlin pour l'année 1752, l'Abbé Mazéas prétend que ce phénomène a lieu entre des verres à furfaces exactement planes ; mais fans raifon. La difficulté de fe procurer de pareils verres eft prodigieufe, même en les coupant au milieu d'une grande glace ; & fans doute les légères inégalités des furfaces de ceux dont il fe fervit lui ont fait prendre le change.

L'Abbé Mazéas prétend auffi que la preffion, même la plus forte, n'engendre jamais d'iris entre des furfaces planes, à moins qu'elles n'aient été frottées ; & fans

Petites & étroites, lorfque les verres fuper-
pofés font fort convexes, elles s'étendent à

---

raifon encore. La preffion la plus légère, fouvent
même le fimple poids des plaques fuffit pour engen-
drer des iris : mais ces iris ne s'apperçoivent qu'autant
que les plaques font fort inclinées à l'œil, & jamais
elles ne s'apperçoivent mieux, que lorfque les plaques
font tenues prefque horifontalement entre l'œil & le
ciel couvert de vapeurs. Au refte, il importe que les
verres foient bien polis & bien nets ; gras ou fimplement ternis, les iris ne paroiffent point ; & fans doute
quelque caufe pareille a fait prendre le change à notre
Académicien.

Ce n'eft pas toutefois que le frottement ne favorife
le développement des iris ; la dilatation produite dans
les parties qui s'échauffent le plus, étant très-propre à
leur donner la courbure convenable. Cela fe voit clairement, en ne frottant qu'une partie de l'une des plaques : car c'eft toujours autour de la partie frottée que
fe forment des iris, fur quelque partie de l'autre plaque qu'on vienne à la pofer. Et tant que dure fa dilatation
les iris font apparentes. Obfervation, foit dit en paffant,
qui fournit un excellent moyen de déterminer la durée
du plus petit degré de chaleur communiqué à différens
folides diaphanes.

Il y a cette différence entre les iris développées par
la preffion, & les iris développées par le frottement ;
que celles-ci reffemblent à de petits anneaux concentriques : au lieu que celles-là reffemblent à de larges zones
irrégulières.

Il y a encore cette différence entre ces iris, que les

mefure

mefure que la convexité diminue, & jamais elles n'ont plus d'étendue que lorfque les verres font prefque plans : alors elles paroiffent fous la forme de larges zones.

Les verres ont-ils différens contacts ? Ces zones occupent différentes parties, elles n'ont rien de régulier, & toujours elles femblent fe rapprocher ou fe confondre à mefure que l'inclinaifon de l'œil augmente. Mais pour devenir régulières, il fuffit qu'un feul de ces verres foit

---

dernières ne s'apperçoivent guères que lorfque les plaques font fort inclinées à l'œil ; mais auffi s'apperçoivent-elles tant que dure la preffion : au lieu que les premières s'apperçoivent toujours, quelque pofition qu'aient les plaques ; mais auffi difparoiffent-elles, dès qu'elles font revenues à la température du milieu ambiant.

Enfin les iris produites par la preffion remplacent toujours les iris produites par le frottement dans les glaces les plus planes, comprimées par leur fimple poids. Et cela doit être ; car ce poids fuffit pour maintenir le contact parfait des plaques aux endroits qui ont été le plus échauffés ; tandis que les autres difparoiffent au bout de quelques heures. C'eft ce qu'il eft facile de conftater en pofant fur une table & fous un bocal les plaques de verre, après les avoir frottées convenablement. Mais pour faire difparoître ces iris à leur tour, il fuffit de féparer les verres, puis de les pofer immédiatement l'un fur l'autre, fans néanmoins les faire gliffer.

T.

retravaillé fur un plan : ce qui le rendra très-légérement convexe , en ufant un peu plus les bords que le centre.

Chaque iris eft formée de plufieurs anneaux concentriques, contigus & différemment colorés.

Pour bien obferver l'ordre de leurs couleurs, il importe que l'un des verres foit plan, & que l'autre ait une convexité de 30 pieds de rayon, qu'ils aient en diamètre deux pouces chacun, qu'ils foient bien nets, & placés dans une monture à double virole , propre à les comprimer & à ne recouvrir que leurs bords. Cette monture fera elle-même adaptée à un demi-cercle monté fur une tige à fupport, de manière à incliner les verres à volonté, fans que l'on foit expofé à les déranger ou à les ternir en les maniant.

Exp. 19. *Or, après les avoir comprimés peu-à-peu, jufqu'à ce que les anneaux paroiffent avec le plus de netteté, qu'on les place prefque horifontalement entre l'œil & l'endroit d'où vient le jour, qu'enfuite on obferve les couleurs, on les trouvera rangées dans cet ordre ; le centre de la tache, toujours jaune, eft*

Fig. 1. *circonfcrit d'un anneau rouge, puis d'un bleu. Dans les iris les plus proches de la tache, les couleurs des anneaux bien féparées fuivent alternativement le même ordre. Dans les autres iris, fur-tout dans les plus éloignées, l'anneau bleu fe mêle avec le jaune,*

& l'anneau rouge avec le bleu, de sorte qu'ils ne sont plus que verts & purpurins alternativement.

Si on éleve l'œil au-dessus des plaques, ou si on abaisse les plaques elles-mêmes ; on verra la tache centrale disparoître, & céder sa place à l'anneau dont elle étoit immédiatement environnée : cet anneau à son tour est remplacé par le suivant, qui bientôt le sera lui-même par un autre. Mais en abaissant l'œil, ou en élevant les plaques, l'ordre des couleurs ne change point, seulement les anneaux & la tache centrale s'élargissent beaucoup.

L'œil se place-t-il entre les plaques & l'endroit d'où vient le jour ? Les phénomènes sont identiques.

Lorsque la convexité du verre n'a que 10 pieds de rayon ; la tache centrale réfléchie paroît toujours noire, quelle que soit l'obliquité des plaques, & quelque position que l'œil prenne. Quant aux anneaux, toujours très-petits, ils augmentent à peine lorsqu'on les regarde obliquement. Vus à quelque distance, ils paroissent alternativement blancs & noirs : ce n'est que lorsque l'œil en est fort proche qu'il apperçoit leurs couleurs ; & ce n'est qu'en les regardant sous une grande obliquité qu'il les apperçoit un peu distinctement : alors la tache noire paroît environnée d'une suite d'iris ; & de chaque

Exp. 20.

Exp. 21.

Exp. 22.

Fig. 2.

T 2

iris le premier anneau est jaune, le second rouge, le troisième bleu.

Exp. 23.   Lorsque la convexité du verre augmente, la tache noire devient plus obscure, & proportionnellement plus grande : tandis que les anneaux colorés deviennent plus petits & plus confus. La convexité du verre a-t-elle moins de 4 pieds de rayon ? Il n'est plus possible de distinguer les couleurs des anneaux, & ils ne paroissent que noirs & blancs.

Exp. 24.   Au contraire quand cette convexité a près de 100 pieds, la tache centrale est légèrement obscure au milieu, & argentée vers les bords, sous quelque obliquité qu'on la voie : les anneaux de la première iris sont fort larges, & leurs couleurs bien séparées ; mais les anneaux des autres iris paroissent alternativement verts & purpurins, à raison du mélange de leurs rayons.

Exp. 25.   Quand la convexité du verre a plus de 100 pieds, la tache centrale est toujours colorée, & elle augmente considérablement d'étendue de même que les iris : mais leurs couleurs, quoique placées dans le même ordre, ne sont bien séparées que dans les anneaux de celle qui environne immédiatement la tache.

Exp. 26.   A l'égard des verres à-peu-près plans : les iris ne présentent que de larges zones vertes & purpurines, ordinairement placées sans ordre, & quelquefois rangées autour d'une tache colorée.

Moins la convexité du verre est considérable, plus les iris, vues obliquement, paroissent s'étendre. Et lorsqu'elle est la plus légère possible ; elles paroissent sur toute la superficie des plaques : quoique vues à plomb, elles n'en occupent qu'un coin ; c'est ce qui arrive toujours, lorsqu'elles ont été développées par le frottement.

Sont-elles développées par une légère pression des verres plans ? Elles ne s'apperçoivent que lorsqu'on les regarde sous une grande obliquité : alors on distingue même assez bien l'ordre des couleurs de leurs anneaux, qui sont alternativement jaunes, rouges & bleus.

Voilà quant aux couleurs réfléchies, que présentent les verres comprimés ou frottés.

Mais lorsqu'on place les verres entre l'œil & l'endroit d'où vient le jour ; on voit distinctement des iris environner une tache diaphane : & rien ne paroît changé relativement à leurs couleurs, leur ordre, leur étendue. Exp. 27.

Venons maintenant à la cause des phénomènes.

Il est indubitable qu'ils ne tiennent aucunement à la décomposition que la lumière incidente est supposée souffrir en traversant quelque milieu intermédiaire , très-mince, & terminé par des furfaces obliques ; puifque les rayons hétérogènes font tous également réfrangibles , tous également réflexibles.

Ils ne tiennent pas non plus au concours d'une mince lame d'air interpofé ; puifqu'ils ne font jamais mieux marqués que dans le vide.

Enfin ils ne tiennent pas aux furfaces inclinées de chaque verre comprimé ; puifqu'ils ne s'apperçoivent pas moins entre des verres dont les furfaces font parallèles entr'elles.

S'ils ne fe manifeftent jamais entre des verres bien plans , il fuffit pour les faire paroître que l'une des furfaces en contact ait une légère convexité. Au refte ils n'ont pas moins lieu, quoique le verre inférieur foit noir & parfaitement opaque, pourvu qu'il foit bien poli. Ils ne tiennent donc à ce verre qu'autant qu'il fait miroir ; & au verre fupérieur qu'autant qu'il eft diaphane : car il fuffit de dépolir le premier pour que les iris difparoiffent totalement, comme on s'en affure en fe fervant d'un verre douci (I).

Puifque la lumière ne fe décompofe point par réflexion , il eft conftant qu'elle doit tomber

____

(I) Il fuffit même que la première furface du verre inférieur foit doucie.

toute décompofée fur la dernière plaque ; & puifqu'elle ne fe décompofe pas non plus par réfraction, il eft conftant qu'elle doit fe décompofer après avoir paffé la première plaque, c'eft-à-dire dans l'efpace intermédiaire.

En recherchant la caufe des iris ; on reconnoît bientôt qu'elles ne proviennent que des rayons déviés & décompofés autour des points du contact partiel des plaques de verre : car il eft de fait que la lumière ne fe décompofe jamais qu'en fe déviant à la circonférence des corps (1). Principe inconteftable & lumineux, dont tous les phénomènes découlent naturellement. Que la lumière ne fe décompofe qu'autour de ces points de contact, la preuve eft fans replique : puifqu'il ne paroît point d'iris, lorfque les verres font parfaitement plans, c'eft-à-dire lorfqu'ils fe touchent également par-tout, à moins qu'en les comprimant on ne change la direction de leurs furfaces.

La lumière fe décompofe conftamment en plufieurs zones autour d'un corps, & ces zones forment autant d'iris dont fon ombre eft circonf-

____

(1) Voyez la première Partie de ce Mémoire, où cette vérité eft mife dans tout fon jour.

T 4

crite (1). Attirée autour des points de contact des verres, elle se décompose de cette manière, & toujours en plus grande quantité que le milieu ambiant est moins propre à contrebalancer leur attraction. Aussi les iris sont-elles plus vives & plus grandes, lorsque l'intervale des verres est rempli d'air que d'eau; plus vives & plus grandes encore, lorsque cet intervale

Exp. 28. est vide que plein d'air : *mais elles disparoissent totalement, lorsqu'un milieu aussi énergique que le verre (tel que l'huile) prend la place de l'air.*

Moins les points de contact sont nombreux, plus les iris doivent être petites & serrées : aussi sont-elles plus étendues lorsqu'on superpose deux verres presque plans, que lorsqu'on pose un verre plan sur un verre convexe ; & beaucoup plus encore, que lorsqu'on superpose deux verres convexes : tandis qu'elles ne sont jamais moins étendues, que lorsque les verres ont le plus de convexité. A peine alors sont-elles sensibles ; non seulement parce que le contact ne se fait que dans un point ; mais parce que les rayons des iris les plus éloignées de la tache centrale sont dispersés par la réflexion ; suite nécessaire

---

(1) C'est ce qui se voit parfaitement dans l'expérience de Grimaldi.

de la propriété qu'ont les miroirs convexes de rapetiffer l'image des objets.

Les iris que préfentent des plaques de verre plus ou moins convexes , font conftamment concentriques , & elles ont une tache pour centre.

Cette tache , toujours noire lorfque le contact des verres eft parfait , devient moins obfcure lorfqu'il eft moins intime , & colorée dès qu'il eft fort léger : ce qu'on obferve fans peine en comprimant ces verres avec plus ou moins de force.

La tache noire eft produite par la lumière que leurs parties en contact tranfmet ; & la tache colorée par la lumière qui s'infinue entr'elles. Lorfque le contact eft tel que les rayons décompofés fe confondent de nouveau par la réflexion, les bords de la tache colorée paroiffent argentés.

La figure de la tache & des iris eft déterminée par celle des points de contact des plaques. Circulaire dans les verres convexes ; elle eft quelquefois conchoïdale dans les verres prefque plans , & parabolique ou ellyptique dans les verres plans & flexibles.

Chaque iris eft formée de trois anneaux ; d'un jaune , d'un rouge & d'un bleu , rapprochés de manière à empiéter plus ou moins l'un fur l'autre :

le premier réfulte des rayons les plus déviés ; le fecond , des rayons moyennement déviés ; le troi-lième , des rayons les moins déviés : ainfi , quels que foient leur figure & leur éclat , ils offrent tou-jours les trois couleurs primitives rangées dans l'ordre de la déviabilité refpective de leurs rayons.

Il en eft de même de la tache centrale co-lorée qu'ils environnent.

Lorfque les verres font trop convexes, les couleurs des iris peu développées paroiffent ne former que du blanc & du noir.

Lorfque les verres font trop peu convexes, les couleurs des iris fort développées s'entremêlent & produifent des teintes mixtes ; les anneaux jaunes & bleus , étant contigus , en produifent de verts ; tandis que les anneaux bleus & rouges, étant contigus , en produifent de purpurins : auffi ne paroiffent-ils que de ces deux teintes, & n'ont-ils point d'intervales entr'eux.

Mais quoique la convexité des verres foit la plus favorable poffible ; les couleurs de la tache centrale , & des deux ou trois premières iris font feules bien féparées : au lieu que celles des autres iris s'entremêlent , comme dans les verres prefque plans ; & fi elles paroiffent quelquefois féparées , ce n'eft que lorfque les verres font très-inclinés.

Des rayons déviés & décompofés autour des points de contact, la plus grande partie eft réfléchie par la première furface du verre inférieur, & elle forme les iris vues par réflexion: la plus petite partie eft tranfmife par les pores du même verre, & elle forme les iris vues par tranfmiffion. Auffi ces iris font-elles toutes de même étendue, & leurs anneaux font-ils placés dans le même ordre. On le démontre *en expofant aux rayons du foleil ou d'une fimple bougie, mieux encore à ceux du cône lumineux, les plaques de verre fuperpofées, & en projetant fur un carton les rayons tranfmis.* Voilà pourquoi les iris ne font qu'acquérir de l'intenfité, quand on fubftitue au verre inférieur un verre noir de même courbure, de grande denfité & de beau poli; car les rayons qui étoient (1) tranfmis fe joignent en partie à ceux qui font réfléchis.

A l'égard de l'extenfion plus ou moins confidérable des iris vues plus ou moins obliquement par réflexion; elle vient de l'épaiffeur de la plaque de deffus, c'eft-à-dire de la diftance des points où les rayons réfractés émergent des

______

(1) Ces rayons font tranfmis par les interftices du verre.

deux furfaces, diftance toujours d'autant plus confidérable que les verres font plus inclinés.

Ce qui arrive aux rayons réfléchis & réfraƈtés par la plaque de deffus, arrive aux rayons tranfmis & réfraƈtés par la plaque de deffous : delà l'extenfion des iris vues obliquement par tranfmiffion. Delà auffi la féparation de leurs couleurs ; car ces réfraƈtions contribuent à féparer les rayons décompofés & entremêlés.

Telle eft la caufe des couleurs qu'offrent les lames de verre comprimées.

Les couleurs des coquilles nacrées n'en ont point d'autres. Quoique très-liffes au dehors, comme ces coquilles font diaphanes jufqu'à certain degré, & compofées de couches de différente forme & de différente denfité ; la lumière fe dévie & fe décompofe à la circonférence de chaque couche ; & les rayons hétérogènes, tour-à-tour réfléchis par le fond fuivant leur angle d'incidence, font briller différentes couleurs. Delà le jeu changeant de la lumière, à mefure que la coquille change de pofition.

Il en eft de même des iris des lames de talc, & des morceaux de criftal dont les lames font féparées par des interftices vides ou pleins d'air.

Ainſi, autant la doctrine des accès de facile réflexion & de facile tranſmiſſion eſt compliquée, obſcure, incohérente ; autant la doctrine de la différente déviabilité eſt claire, ſolide, lumineuſe.

En les appliquant l'une & l'autre aux phénomènes qui font le ſujet du Programme de l'Académie ; le Lecteur judicieux n'eſt plus frappé que de leur différence. D'un ſyſtême obſcur qui n'offre rien de raiſonné, rien de lié, rien de ſatisfeſant, qui retrace par-tout les qualités occultes du ſcholaſtiſme & les prodiges de la magie, qui mène ſans ceſſe à l'abſurde, où la vérité ne ſe montre jamais, & où l'oubli de la raiſon ſemble porté au dernier point (1) ; il paſſe à une théorie ſimple & vraie, où l'eſprit ſe repoſe ſans dégoût, & qui à l'avantage d'éclaircir les phénomènes joint celui de réſoudre une multitude de queſtions épineuſes, regardées comme inſolubles. Tel eſt l'empire de la vérité, qu'elle force ſouvent l'erreur même à lui devenir favorable !

____

(1) Je connois toute la force de ces imputations, & peut-être le Lecteur prévenu m'en fera-t-il un crime : mais quels que ſoient les égards dus à la mémoire d'un homme de génie, je ne ferai pas à mes Lecteurs l'injure de croire qu'à leurs yeux, de ſimples raiſons de déférence doivent jamais l'emporter ſur l'amour du vrai.

Des phénomènes que présentent les bulles d'eau de savon, & de leur cause.

De l'obfervation des phénomènes les plus petits en apparence, dépend quelquefois la découverte des plus grandes vérités. Qui l'eût penfé ? Une bulle de favon, jouet de l'enfance, offre plufieurs fujets à la méditation du fage ! A peine détachée du tube qui la gonfle, elle s'abat conftamment, à moins que l'air ne foit agité ; & dans cette chûte conftante, il voit agir le principe de la gravitation : tandis que dans la formation des couleurs qu'elle fait briller enfuite, il découvre le jeu admirable du principe des affinités.

La caufe de ces couleurs eft l'objet de nos recherches ; commençons par la diftinguer avec foin, puis nous la ferons toucher au doigt & à l'œil, enfin nous en développerons les étranges métamorphofes.

Quoique toutes les couleurs poffibles viennent de la feule décompofition de la lumière que les corps attirent ; celles des bulles de favon diffèrent prodigieufement de celles des plaques de verre comprimées : les premières font paffagères , & pourtant elles tiennent au principe des couleurs permanentes (1) des corps ; les dernières font permanentes, & pourtant elles tiennent au principe des couleurs paffagères (2) des corps. Newton les confondit fans ceffe ; féduit par des opinions bifarres, il ne fe laffa point d'examiner les objets, ne parvint jamais à les voir, & fe perdit dans de faftidieufes defcriptions : puis cherchant à découvrir la raifon des phénomènes, & s'égarant à chaque pas, il courut après des chimères, fit un roman phyfique, & s'épuifa en fictions ridicules, ayant toujours la Nature fous les yeux.

----

(1) Pour bien fouffler une bulle , il faut fecouer légèrement le fétu après l'avoir immerfé : il faut auffi que l'eau de favon ait certaine confiftance ; trop peu chargée , les iris font foibles & peu durables ; trop chargée , les iris fe développent mal : elle fera faite dans les proportions convenables , fi on diffout 15 à 20 grains de favon dans une once d'eau de rivière , mais on doit avoir foin de n'employer que de l'eau de favon nouvellement faite.

(2) J'appelle couleurs permanentes celles des fleurs, des fruits, des draps, des granites , &c. parce qu'elles ne changent point, de quelque manière que l'objet foit éclairé. Je nomme paffagères celles de la rofée , de l'arc-en-ciel, des nuages, parce qu'elles changent avec la manière dont l'objet eft éclairé.

C'eſt ſans raiſon, ai-je obſervé plus haut, qu'il établit comme un fait certain, que les corps diaphanes, acolores & fort minces, (tels que l'eau, le verre, l'air) ſoufflés en bulles ou réduits en lamelles, produiſent des couleurs correſpondantes à leur ténuité. Les preuves du contraire ſont auſſi multipliées que tranchantes. A la lumière du jour, les bulles de verre bien net n'offrent jamais d'iris, quelque minces qu'elles ſoient (1). Les bulles qui s'élèvent ſur l'eau claire, bien battue, n'offrent jamais d'iris. Les bulles de la (2) gomme arabique, bien blanche & diſſoute dans l'eau pure, n'offrent jamais d'iris. Les bulles du blanc d'œuf (3)

---

(1) J'en ai fait ſoufler de ſi minces qu'il étoit impoſſible de les toucher du bout du doigt, ſans les froiſſer. Or, j'ai conſtamment obſervé que les verres métalliques donnent tous des iris, dès que les chaux ſe révivifient. Quant au verre ordinaire, il donne toujours des iris, lorſque la fumée de la lampe s'y attache & forme pellicule ; & jamais lorſque la bulle eſt bien nette, quelle que ſoit d'ailleurs ſes inégalités d'épaiſſeur.

(2) La gomme arabique diſſoute ſe ſouffle très-difficilement en bulles ; mais elle en fournit facilement, lorſqu'on l'agite avec un petit balai.

(3) Le blanc d'œuf battu ſe ſouffle facilement en bulles, au moyen d'un fétu de paille un peu gros. Comme cette liqueur eſt viſqueuſe, il faut d'abord aſpirer légèrement, puis ſouffler, enfin boucher l'orifice du fétu,

pur

pur n'offrent jamais d'iris. Les bulles de l'urine fraîche n'offrent jamais d'iris. La mousse du vin blanc (1) n'offre jamais d'iris. Il en est de même de toute matière transparente homogène, ou plutôt de toute matière transparente dont les différens principes font exactement combinés.

Mais les bulles du vin rouge offrent toujours des iris. L'écume du lait bouilli offre toujours des iris. La mousse du caffé & du chocolat offre toujours des iris, &c. Ainsi il est hors de doute qu'il ne paroît d'iris que sur les liqueurs dont les principes font peu unis ou sim-

---

dès que la bulle est parvenue à grosseur convenable : autrement elle rentreroit dans celui de l'autre bout.

Pendant plusieurs minutes ces bulles conservent toute leur transparence Mais lorsqu'elles commencent à se desfécher, il s'y élève quelquefois de petites taches différemment colorées, toujours placées fans ordre, & jamais en anneaux. *Après avoir battu un blanc d'œuf* Exp. 34 *mêlé à de l'eau claire, si on le réduit en bulles en foufflant par un fétu qu'on y tient plongé ; ces bulles feront long-temps acolores; & ce ne fera qu'au bout de 20 à 30 minutes qu'on verra paroître dans celles qui font le plus exposées au contact de l'air, de petites taches colorées & immobiles :* ces taches appartiennent donc à des corps étrangers, non aux bulles du blanc d'œuf.

(1) Je n'étends point cette dénomination aux vins jaunes ou orangés.

V

plement interpofés. S'il en paroît quelquefois fur celles dont les principes étoient bien combinés, c'eft uniquement lorfque cette combinaifon ne fubfifte plus, lorfque le mixte fe décompofe. Cela fe voit bien clairement dans l'urine qui a long-temps ftagné. Les bulles qui s'y élèvent lorfqu'on l'agite, font ternes & couvertes d'une pellicule huileufe, comme la furface entière de la liqueur : or c'eft cette pellicule feule qui forme leurs iris.

Il en eft de même des bulles de favon. Eh, comment douter que leurs couleurs dépendent abfolument du favon diffous dans l'eau, puifque l'eau pure n'en produit jamais ? Encore le favon n'en produit-il qu'en fe féparant de l'eau: auffi n'eft-ce qu'après certain temps qu'elles commencent à fe développer : intervale toujours proportionnel à l'épaiffeur de la bulle ; car plus elle eft mince, plutôt elles fe développent.

Ne nous contentons pas d'indiquer les objets, montrons-les.

Exp. 31. *En foufflant dans de l'eau de favon, au moyen d'un fétu de paille, on la réduit en bulles, d'abord acolores, mais d'un blanc laiteux. Bientôt fur chacune fe forme une infinité de petites taches de différentes couleurs, parfemées de taches noires, mêlées*

confufément, & toutes dans une agitation prodigieufe. Quelques momens après, les particules de
la même couleur fe raffemblent en anneaux, &
l'union alternative de plufieurs anneaux forme différentes iris.

Mais c'eſt fur une bulle ifolée, qu'il faut obferver le jeu de ce mécanifme admirable.

En la foufflant contre la flamme d'une bougie (1);　Exp. 32.
c'eſt un fpectacle fort amufant, de voir le tournoie-
ment rapide des lames d'eau entraînées par l'air,
& difpofées en ftries le plus fouvent horifontales.

En l'examinant à l'angifcope (2), après l'avoir　Exp. 33.
pofée fur une plaque de verre, & oppofée à un pouce
de la flamme ; c'eſt un fpectacle encore plus amufant
de voir les particules favonneufes fe dégager de l'eau,
fe réunir en globules diaphanes, & s'élever de toutes
les parties de la bulle au fommet, filant fous la
forme de larmes bataviques. Mais pour jouir en　Fig. 3.
grand de ce fpectacle, il faut répéter l'expérience
dans la chambre obfcure, en plaçant la bulle
proche du fommet du cône lumineux (3).

---

(1) A quelques pouces de diſtance.
(2) Lentille très-forte : celle dont je me fuis fervi a
33 lignes de foyer.
(3) Placée à 10 ou 12 pouces du fommet du cône,
l'ombre de la bulle a 3 ou 4 pieds en diamètre ; & les

Enfin, c'est un spectacle enchanteur de voir le développement des particules colorantes (1), leur mouvement prodigieux, leur tendance à s'unir, les efforts que font celles de la même couleur pour déplacer celles d'une autre couleur qui s'opposent à leur union, & la manière dont elles se rangent en iris plus ou moins réguⁱ lières, plus ou moins étendues. Ces particules se distinguent très-bien à œil nud, mieux encore à l'angiscope ; mais il importe que la bulle ne soit pas trop vivement éclairée ; & quoique l'obⁱ servation puisse se faire à la lumière d'une bougie, on doit préférer la lumière du jour. Ainsi après s'être placé à une croisée ouverte, lorsque le temps est serein, il faut tenir la bulle à l'ombre, & tourner le dos au soleil.

Quand la bulle devient très-grosse, c'est-àⁱ dire, très-mince ; les particules colorantes se développent presque toutes à la fois sur sa surⁱ face entière : & comme la bulle dure alors trèsⁱ peu, elles n'ont pas le temps de se séparer ; aussi

---

globules huileux qui s'élèvent au sommet ressemblent aux serpentins d'un pot d'artifice.

(I) Par cette dénomination, j'entends les particules dont le tissu est propre à absorber certains rayons, & à réfléchir les autres.

ne préfentent-elles que des teintes mixtes difpofées en larges zones ordinairement vertes &
purpurines.

Lorfque la bulle a certaine épaiffeur, ces
particules commencent toujours à fe dégager au
haut, avant de fe dégager au milieu, fur-tout
avant de fe dégager au bas. Peu-à-peu celles
d'une même couleur fe rangent en anneaux autour d'une tache obfcure ; trois de ces anneaux
forment une iris : par le développement fuccef-
fif des anneaux, les iris fe multiplient ; mais à
mefure que la tache centrale groffit, elles font
forcées de s'agrandir elles-mêmes, & de defcendre.

Ce n'eft pas affez que la bulle ait peu de volume pour que les iris fe développent régulièrement, il faut de plus, qu'elle ne foit pas agitée
par l'air extérieur ; car le moindre fouffle fuffit
pour déranger & confondre les iris déjà formées.

Entrons ici dans quelques détails, & donnons un apperçu des principaux phénomènes.

Après avoir pofé la bulle par le fétu fur une
plaque de verre poli ; fi on l'examine à l'angifcope contre le ciel couvert, on verra d'abord les
globules favonneux, qui s'élèvent au fommet fous
la forme de larmes bataviques, s'y étendre & s'y

mêler. Au milieu de chaque larme brillent bientôt des particules colorantes : celles d'une même couleur se réunissent, déjà elles forment des taches rondes, très-souvent environnées d'un anneau de couleur différente, & par leur réunion elles figurent toujours des queues de paon.

Ensuite toutes les taches colorées se confondent ; au milieu paroît une petite tache obscure, d'autres taches obscures s'élèvent le long des parois de la bulle, & vont grossir celle qui occupe le sommet. Examinées avec soin, elles ne paroissent être autre chose que des globules huileux, dont la forme lenticulaire ne leur permet de réfléchir la lumière que d'un point de leur surface extérieure, quelque position que l'œil prenne (1) : delà leur obscurité apparente. On s'en assure en les examinant à l'angiscope contre la flamme d'une bougie ; car tant qu'elles sont convenablement éclairées, elles paroissent diaphanes, brillantes & parfaitement semblables à des goutes d'huile limpide étendue sur de l'eau.

Lorsque la bulle a certaine épaisseur, les particules colorantes se développent, & se rassemblent au sommet avant les taches noires ; mais

____

(1) Une lentille fort convexe de verre blanc paroît de même très-obscure, quand on la voit par réflexion.

bientôt les taches colorées qu'elles forment fe mêlent & fe confondent : puis de leur mélange réfultent différentes teintes. Ces particules fe féparent derechef ; déjà on ne voit reparoître que des taches jaunes, rouges, bleues ; celles d'une même couleur fe raffemblent en anneaux, & les anneaux de ces trois couleurs fe réuniffent en iris. Alors commencent à paroître des taches noires : en s'élevant plufieurs à la fois, elles forcent paffage au travers des iris, les rompent, & font tournoyer leurs débris fur eux-mêmes ; de ces débris fe forment à l'inftant de nouveaux anneaux & de nouvelles iris. C'eft toujours l'anneau jaune qui circonfcrit immédiatement la grande tache obfcure, il eft à fon tour circonfcrit par le rouge, qui lui-même eft circonfcrit par le bleu.

Fig. 4.

Ce mécanifme a lieu d'abord pour la formation de quelques iris, où nos trois couleurs primitives fe voient affez diftinctement. Quant aux iris qui fe forment enfuite ; elles ne paroiffent guères que vertes & purpurines ; la bulle crevant prefque toujours avant que les parties colorantes aient le temps de fe féparer : mais au milieu de leurs anneaux, on voit briller une multitude de taches rondes irifées en queues de paon, s'agiter en tous fens, & tendre à s'élever.

Les iris ne font pas toujours fort régulières,

& prefque jamais elles ne font d'égale étendue; proportionnellement plus étroites que la bulle eft plus petite, la plus large eft conftamment la plus proche du fommet.

Refte à rendre raifon des phénomènes.

Il eft conftant par toutes nos obfervations, que les feules particules colorantes du favon forment les iris de la bulle.

Tant que dure le mélange intime de ces particules, elles forment du blanc. Les teintes qui réfultent enfuite de leurs combinaifons diverfes fe réduifent à la jaune, à la rouge, à la bleue ; lors toutefois que la bulle dure affez long-temps pour que cette réduction puiffe s'effectuer : d'où il fuit qu'il n'y a dans les corps que trois efpèces de particules (1) effenciellement différentes,

(1) Pour peu qu'on étudie en Phyficien les couleurs matérielles, on s'affure qu'elles tiennent uniquement au tiffu des corps. Mais dès qu'on vient à méditer fur ce fujet, on fent bientôt que fi l'organifation qui rend une particule propre à réfléchir une couleur particulière s'étendoit à toutes les teintes poffibles, le nombre en feroit infini, pouvant être limité à trois. Ce feroit donc multiplier inutilement les refforts de l'Univers ; puifque le mélange de nos trois couleurs primitives, conféquemment des particules propres à les réfléchir, donne toutes les teintes connues.

Fig. 1.

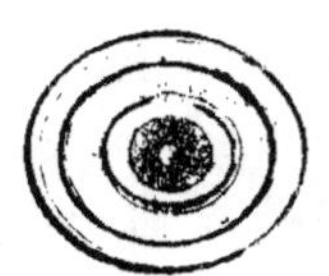

Fig. 2.

Fig. 3.

Fig. 4.

Fig. 1.

Fig. 2.

Fig. 3.

Fig. 4.

dont chacune eſt deſtinée à réfléchir l'une des couleurs primitives, & dont les divers mélanges donnent toutes les teintes poſſibles. A cet égard la théorie des couleurs matérielles, (qu'on me paſſe l'expreſſion) n'eſt pas moins ſimple que celle des couleurs de la lumière, & par-tout la Nature paroît également jalouſe de conſerver l'admirable ſimplicité de ſes lois.

Curieux de découvrir ſi les particules de chaque couleur ont une figure particulière, j'ai fait pluſieurs tentatives avec le microſcope compoſé, & jamais l'inconſtance de l'objet ne m'a permis le moindre examen : tout ce que j'ai pu reconnoître, c'eſt que les particules colorantes ne ſont qu'à demi diaphanes ; ce qui paroît auſſi quand on oppoſe la bulle iriſée à la lumière d'une bougie.

On conçoit de même, que ſi le nombre des eſpèces différentes de ces particules s'étendoit au-delà des couleurs primitives, il n'y auroit point de raiſon pour que le mélange de poudres différemment colorées, amalgamées avec de l'eau ou de l'huile, & mêlées de poudres blanches ou noires, dût donner des teintes mixtes plus ou moins claires, plus ou moins foncées ; puiſqu'il n'y auroit point de raiſon pour que leur mélange ne détruisît pas leur tiſſu.

Mais comment viennent-elles à former des iris? —— On sent bien qu'il faut avant tout qu'elles soient dégagées de leur diffolvant. C'est ce que fait l'air qui gonfle la bulle : en la dilatant, il met toutes fes parties en contact avec l'air du dehors, & favorife l'évaporation d'une partie de l'eau, qui de cette manière abandonne les particules colorantes. Abandonnées à elles-mêmes, elles furnagent la lame d'eau, fans y adhérer. Plus cette lame eft mince, plutôt ces particules fe dégagent; & comme l'eau fuperflue commence auffi toujours à s'écouler des parois de la bulle par le fommet, c'eft là que doit néceffairement commencer la formation des iris.

Dégagées de leur diffolvant, ai-je dit, ces particules furnagent la bulle fans y adhérer; mais bientôt elles fe féparent les unes des autres en vertu de l'attraction que celles d'une même couleur exercent entr'elles (1).

Les particules de chaque couleur fe réuniffent donc, d'abord en taches, puis en anneaux. Enfin ces anneaux fe rangent autour

______

(1) Ce principe jette le plus grand jour fur le mécanifme de la teinture.

Les particules de chaque couleur ayant entr'elles une affinité particulière, il eft évident qu'elles doivent en avoir une auffi avec certains corps : l'action d'un

d'une tache obfcure, & au-deffous les uns des autres.

Cette tache n'étant formée que de la réunion des globules huileux, il eft fimple qu'elle occupe conftamment le fommet, & que pour s'y placer, ces globules dérangent l'ordre des anneaux déjà formés.

Il eft fimple encore que les particules colorantes fe rangent conftamment autour de la tache centrale, dans l'ordre de leurs pefanteurs fpécifiques. Et comme l'anneau jaune la circonfcrit toujours immédiatement ; les moins pefantes de toutes ces particules font celles qui réfléchiffent le jaune : par la même raifon celles qui réfléchiffent le bleu font les plus pefantes ; tandis que celles qui réfléchiffent le rouge ont une pefanteur moyenne.

Attraction réciproque des particules de la même couleur, & inégale gravitation des particules de couleurs différentes ; voilà les vrais principes de tous les phénomènes : le premier détermine la formation des anneaux, mais le dernier feul rend leur ordre immuable. C'eft ainfi

mordant ne confifte donc qu'à attirer les particules de telle ou telle couleur avec lefquelles il a une affinité particulière, à s'y unir & à les fixer : auffi chaque couleur fmple demande-t-elle un mordant particulier ; & les couleurs mixtes en exigent-elles plufieurs.

qu'en vertu des mêmes principes , diverses liqueurs mêlées se séparent toujours en différentes
couches.

Ce qui a lieu pour la formation d'une iris ,
a lieu pour la formation de plusieurs. —— Mais ,
dira-t-on , pourquoi les particules colorantes
livrées à l'action de ces principes composent-
elles un grand nombre d'iris, au lieu d'en com-
poser une seule ? —— Le voici : comme les iris
se forment successivement , les particules de la
première une fois formée , s'attirent avec plus
d'énergie , parce qu'elles sont plus rapprochées :
d'ailleurs de moins en moins délayées d'eau ,
elles perdent de leur mobilité. Ainsi celles du
premier anneau de la seconde iris qui se forme
n'ont plus assez de force , pour déplacer celles
des derniers anneaux de la première iris déjà
formée ; elles doivent donc se placer au-dessous.

Il en est de même de la formation de la
troisième & quelquefois de la quatrième iris.
Après quoi les particules colorantes , venant à
se dégager de leur dissolvant qui s'évapore
de plus en plus , conservent bien encore assez
de mobilité pour céder à leur propre poids ,
mais trop peu pour se séparer complettement
les unes des autres ; celles des anneaux contigus

reſtent donc plus ou moins mêlées : auſſi les iris ne ſont-elles plus que vertes & purpurines.

C'eſt ce que les obſervations ſuivantes dé-montrent complettement.

Les particules colorantes des premières iris commencent toujours par former une pellicule légère qui gliſſe avec facilité ſur la bulle d'eau, cède ſans effort aux lois de l'équilibre, & per-met aux anneaux colorés de changer à la fois de place, ſans ſe déranger. *Après avoir poſé une* Exp. 34. *bulle de ſavon ſur une plaque de verre, qu'on attende que cinq à ſix iris ſoient formées, puis qu'on incline la plaque; à l'inſtant même les an-neaux ſuivront ſon mouvement; mais l'inſtant d'après, gliſſant ſur la bulle, ils reprendront avec preſteſſe leur ſituation horiſontale : & ce balan-cement aura lieu dix à douze fois conſécutives.* La pellicule qu'ils forment eſt donc abſolu-ment indépendante de la bulle. Or (ſoit dit en paſſant) quand on n'auroit que cette preuve de la fauſſeté du ſyſtême DES ACCÈS DE FACILE RÉFLEXION ET DE FACILE TRANSMISSION, elle diſpenſeroit de toute autre : car comment les couleurs de la bulle pourroient-elles dépen-dre de ſes différentes épaiſſeurs, puiſqu'elles n'éprouvent aucune altération en occupant tour-à-tour ſes différentes parties ?

Lorsque la bulle est fort mince, ses particules colorantes se dégagent toutes tandis qu'on
la souffle encore ; & la pellicule subtile qu'elles
forment continue quelque temps à être emportée dans le mouvement de l'air intérieur
qui la gonfle. Aussi les zones colorées qu'elle
présente tournent-elles avec rapidité.

Exp. 35.   *En soufflant la bulle aux rayons du soleil, si
on en projete l'ombre sur un carton blanc vertical
placé à 7 ou 8 pouces de distance ; ses couleurs
y paroîtront peu après. Parvient-elle à un volume
considérable ? Les couleurs de l'ombre se développent
presqu'à l'instant : mais elles changent sans cesse,
sur-tout à la circonférence, qui le plus souvent devient tour-à-tour verte & purpurine ; teintes qui*
ne proviennent que de la demi-transparence de
celles des zones de la bulle emportée dans le
mouvement de l'air qui la distend.

Exp. 36.   *Lorsque la bulle a moins de volume, les couleurs de l'ombre se développent moins promptement :
d'abord elles sont fort foibles , puis elles deviennent
fort vives, & toujours elles paroissent à la circonférence alternativement purpurine & verte.* Ce qui
s'observe à merveille lorsque la bulle est posée
sur un carton horisontal, au lieu d'être suspendue
au fétu (1).

———————————

(1) L'expérience réussit tout aussi-bien à la lumière

Jamais les iris d'une bulle ne font plus brillantes qu'au moment où elles font bien formées, & jamais elles ne font plus mobiles: alors l'hémifphère qu'elles forment change de place avec une preftefle inconcevable. Mais à mefure qu'elles reftent expofées à l'impreffion de l'air, elles s'évaporent, fe deffechent, deviennent adhérentes (1) : leurs couleurs s'affoibliffent auffi peu-à-peu, fe terniffent, s'altèrent & difparoiffent tout-à-fait, laiffant après elles une pellicule grisâtre (2) femblable à celle qui fe forme ordinairement fur la tache noire du fommet.

Arrivée à ce point, fi la bulle ne crève pas, la pellicule fe crevaffe, & les endroits qu'elle laiffe à découvert paroiffent diaphanes.

Quand la bulle eft fort mince, ces métamorphofes font affez promptes : & l'on voit ces particules décolorées s'agiter & couvrir l'hémifphère fupérieur, avant que les iris foient

---

d'une bougie diftante de 10 ou 12 pouces de la bulle : mais c'eft dans le cône lumineux qu'il eft curieux de la faire.

(1) C'eft ce qui arrive affez fouvent, lorfque l'eau de favon eft épaiffe.

(2) Cette pellicule eft fans doute l'alkali du tartre qui eft entré dans la compofition du favon.

entièrement développées fur l'hémifphère in-férieur : alors la bulle crève.

Mais fuivons-la jufques dans fes débris.

Exp. 37. *Qu'on obferve avec un excellent angifcope les iris qu'elle laiffe fur une plaque de verre, en crevant ; on appercevra les particules colorantes fe divifer & difparoître tour-à-tour ; d'abord les jaunes, puis les rouges, enfin les bleues.* Comme elles ne difparoiffent que parce qu'elles s'évaporent ; les jaunes font donc les plus volatiles ; & les bleues, les moins volatiles ; progreffion de volatilité qui fuit celle de leurs pefanteurs fpécifiques (1).

Il eft donc bien démontré que les iris d'une bulle de favon, abfolument indépendantes des différentes épaiffeurs de la lame d'eau, ne tiennent pas au jeu changeant de la lumière ; mais à la préfence des mêmes particules qui font

------

(1) Voyez un article qui précède, page 315. Ici j'obferverai que les couleurs développées par la chaleur fur les métaux, font toutes correfpondantes à la volatilité proportionnelle de ces particules. Or, on conçoit d'après ces rapports de volatilité, que le teint le plus folide doit être le bleu, que le moins folide doit être le jaune, & que le rouge doit avoir une folidité moyenne ; toutes chofes égales d'ailleurs, c'eft-à-dire, à égale folidité des mordans.

les

les couleurs permanentes des corps. — Principe nouveau dont le mécanifme, infiniment propre à piquer la curiofité des Chymiftes & des Phyficiens, femble même tenir du merveilleux : non de ce merveilleux qui étonne l'imagination en la révoltant ; mais de ce merveilleux qui enchante l'efprit, en fefant reffortir l'admirable fimplicité des moyens que la Nature emploie pour opérer fes prodiges.

Il eft temps de finir.

CONCLUSION.

J'ai prouvé, jufqu'à l'évidence, que le principe affigné par Newton aux couleurs des corps minces diaphanes eft deftitué de tout fondement ; & j'ai démontré par une fuite de faits fimples, clairs, décififs, les vraies caufes de ces phénomènes ; j'oferai donc me flater d'avoir rempli la tâche impofée par l'Académie.

Qu'il me foit permis de revenir un inftant fur mes pas. De la difcuffion dans laquelle je fuis entré, il réfulte inconteftablement que la *doctrine de la différente réfrangibilité n'eft pas moins fauffe que celle des accès de facile réflexion & de facile tranfmiffion eft révoltante.* Ayant à en dé-

X

montrer le vide , j'ai confulté la Nature par de nouveaux faits ; j'ai multiplié les expériences, & je les ai analyfées avec foin. Mes efforts, pour affurer le triomphe de la vérité , ont été fuivis d'heureufes découvertes. Ces découvertes font fous les yeux de l'Académie , & leur application eft facile à faire : je dirai néanmoins un mot des principaux avantages qui y font attachés.

Depuis les recherches de Newton fur les couleurs, le fyftême de la différente réfrangibilité des rayons hétérogènes eft devenu le fondement de l'Optique , le point cardinal de toutes fes parties : fyftême erroné, qui complique inutilement la fcience, la foumet à des calculs fans fin, & jette un voile impénétrable fur la plupart des phénomènes. La voilà dégagée de ces erreurs impofantes, & ramenée aux élémens. Mon travail ne tend pas feulement à faciliter l'inftruction , mais à perfectionner les inftrumens dioptriques, dont la conftruction eft encore abandonnée à un art imparfait, à une routine aveugle ! Quels avantages cependant n'auroit-on pas tirés de ces inftrumens précieux , s'ils avoient été portés à leur point de perfection ! Sans parler des moyens qu'ils fourniffent de remédier aux défauts de la vue , à peine quelque Science, quelque Art peut-il fe paffer de leur fecours. On fait ce que leur doivent l'Horlogerie, la Gravure, l'Anatomie, la Chymie, la Phyſique, l'Hiſtoire naturelle, l'Aſtronomie, la Marine, &c. dont les progrès intéreſſent ſi fort la Société.

Une pareille révolution dans la plus ſublime des Sciences exactes ne ſera pas moins avantageuſe que glorieuſe pour la France. Comme innovation, elle exige l'examen le plus rigoureux; mais elle demande auſſi l'attention la plus ſérieuſe, & elle doit exciter le plus vif intérêt. C'eſt aux vrais Savans à lui imprimer le ſceau de la confiance qu'elle mérite. Les heureux fruits qu'elle eſt deſtinée à produire un jour peuvent ne pas ſe faire long-temps attendre, & ſans doute la Nation devra à l'Académie l'avantage de les avoir recueillis plutôt.

F I N.

APPROBATION.

J'ai lu, par ordre de Monseigneur le Garde des Sceaux, un Manuscrit intitulé: *Mémoires Académiques sur la lumière*, par *M. Marat*, Docteur en Médecine. Ce Recueil offre des expériences qui intéresseront leurs Lecteurs ; & je crois que les Savans s'empresseront d'accueillir un Ouvrage aussi neuf, & que je présume utile aux progrès de la Science. En conséquence, j'estime que rien ne peut en empêcher l'impression & la publication. A Paris, ce 2 Décembre 1787.

V A L M O N T   D E   B O M A R E.

Le Privilège se trouve à la fin des *Recherches Physiques sur l'Electricité.*

celui des rayons incidens, paroîtra elliptique, & dans tous deux le grand diamètre sera vertical.

Si cette bande de papier, tangente au bord supérieur de la dernière surface, se trouve perpendiculaire à l'horison ; le champ des rayons émergens, presque couvert de larges croissans colorés, sera elliptique, & son grand diamètre horisontal : d'où il suit que non-seulement les réfractions totales des rayons qui forment le spectre, ne sont pas égales : mais que les rayons des croissans supérieurs & inférieurs convergent les uns vers les autres. La preuve est décisive : car *le champ devient circulaire, & n'est plus circonscrit que de petits croissans colorés, dès qu'on incline davantage la première surface aux rayons incidens, sans néanmoins toucher au plan ; & lorsqu'on l'incline à certain degré, le spectre n'a plus en longueur qu'un diamètre & demi du disque solaire.*

Si la bande de papier, distante de 6 lignes, se trouve parallèle à la dernière surface, le champ de lumière offrira un spectre bien développé, dont la longueur sera au moins de 12 diamètres. Les rayons qui le forment s'entremêlent donc sur le plan où ils sont projetés ; & c'est de leur mélange, non

Fig. 4.

Exp. 7.

Fig. 5.

Exp. 8.

Exp. 9.

Fig. 6.

---

lieu que dans la position recommandée par Newton, à 2 pouces du prisme, il offre un spectre tout formé.

de leur féparation que viennent les teintes de
l'image colorée.

Mais inclinons le prifme aux rayons incidens,
comme il doit l'être pour que le champ de ceux
qui émergent, foit circulaire à la dernière furface réfringente ; & voyons dans quel ordre les
couleurs du fpectre fe développeroient, fi le fyftême Newtonien étoit fondé.

Tant que le champ eft bien circulaire (1),
les prétendues images colorées du foleil coïncident parfaitement ; celle qui réfulte de leur réunion devroit donc conferver une blancheur parfaite : mais qu'on *applique à la dernière furface
réfringente une bandelette de papier très-fin ; on
appercevra des filets colorés autour du champ
de lumière (2), quoiqu'il n'ait rien perdu de fa
rondeur.* Phénomène diamétralement oppofé aux
principes de Newton.

Lorfque le champ des rayons qui émergent

Exp. 10.

Fig. 7.

---

(1) Je fuppofe le trou qui fert à les introduire dans la
chambre obfcure, lui-même exactement rond.

(2) Mieux que cela, fi on applique à la dernière
furface réfringente, la bandelette de papier ; on verra
le champ des rayons émergens circonfcrit de filets colorés très-foibles.

paroît circulaire à la dernière furface réfringente, il eft toujours ellyptique fur un plan vertical, quoique rapproché au point d’être en
contact avec le bord fupérieur de cette furface.
Inclinons donc encore le prifme aux rayons incidens, pour que ce champ devienne circulaire,
c’eft-à-dire, pour que les réfractions totales des
rayons deviennent égales; & continuons à fuivre
le développement des couleurs du fpectre,
d’après la doctrine de l’Auteur.

Tandis que les prétendues images colorées
du foleil coïncident, ai-je dit plus haut, le champ
formé de leur réunion doit conferver fa blancheur; il ne peut donc paroître coloré qu’autant
que ces images fe dégagent l’une de l’autre; &
alors il s’allonge néceffairement. Mais la réfrangibilité relative des rayons hétérogènes étant
déterminée fur la direction qu’ils conferveroient,
s’ils n’étoient pas réfractés par le prifme; ces
rayons doivent commencer à fe féparer au feul
côté du champ vers lequel la réfraction les porte.
Ainfi, après les avoir projetés fur un plan perpendiculaire (1) à l’axe de leur faifceau, & in-

____

(1) Il faut toujours entendre par ce mot un morceau de papier fin tendu fur un cadre monté à colonne,
de manière à prendre la pofition que l’on veut.

terpofé à quelques lignes du prifme ; on ne devroit appercevoir qu'un très-petit croiſſant violet à l'extrémité fupérieure du champ ; par-tout ailleurs ces rayons encore confondus continueroient à former un blanc pur, excepté à l'extrémité inférieure où ils formeroient un blanc fale, à raifon de la fouftraction des violets réputés les plus réfrangibles. D'un côté néanmoins paroît un croiſſant bleu circonfcrit d'un violet ; de l'autre côté, un croiſſant jaune circonfcrit d'un rouge ; comme fi l'axe de leur faifceau étoit le point d'où ils s'écartent réciproquement, en vertu de leur différente réfrangibilité. Nouveau phénomène diamétralement oppofé aux principes de Newton.

A mefure qu'on éloigne du prifme le plan où les rayons font projetés, on devroit voir les prétendues images colorées du foleil fe dégager l'une de l'autre fous la forme de croiſſans. Tandis qu'elles coïncideroient encore, le croiſſant violet, à l'extrémité fupérieure du champ, paroîtroit de la couleur des rayons qui concourent à le former ; parce que ces rayons, étant plus réfrangibles, feroient les feuls féparés complettement. Tous les autres croiſſans devroient donc paroître fous des teintes étrangères, plufieurs efpèces de rayons s'y trouvant confondues ;